内蒙古草地植物
无人机识别基础图谱

General Atlas for Inner Mongolian Grassland
Plants by UAV-based Identifcation

高吉喜 等 著

中国环境出版集团·北京

图书在版编目（CIP）数据

内蒙古草地植物无人机识别基础图谱 ／ 高吉喜等著
. -- 北京 ： 中国环境出版集团，2024.10
ISBN 978-7-5111-5516-0

Ⅰ. ①内… Ⅱ. ①高… Ⅲ. ①草地－植物－内蒙古－
图谱 Ⅳ. ①Q948.522.6-64

中国国家版本馆CIP数据核字(2023)第088686号

策划编辑　王素娟
责任编辑　宾银平
封面设计　宋　瑞

出版发行　中国环境出版集团
　　　　　（100062　北京市东城区广渠门内大街 16 号）
　　　　　网　　址：http://www.cesp.com.cn
　　　　　电子邮箱：bjgl@cesp.com.cn
　　　　　联系电话：010-67112765（编辑管理部）
　　　　　发行热线：010-67125803，010-67113405（传真）
印　　刷　北京中献拓方科技发展有限公司
经　　销　各地新华书店
版　　次　2024 年 10 月第 1 版
印　　次　2024 年 10 月第 1 次印刷
开　　本　787×1092　1/16
印　　张　23.75
字　　数　420 千字
定　　价　198.00 元

著作委员会

前言

　　生物多样性是人类赖以生存和发展的重要基础，是地球生命共同体的根基。我国草地生态系统面积占国土面积的 40% 以上，面积广大、类型多样、物种丰富，其多样性、复杂性、特殊性是我国生物多样性的重要组成部分。生物多样性监测是草地生态保护的重要内容，也是我国持续开展生态监管、评估和生态系统修复的重要基础。传统草地生物多样性监测主要依靠人工，数据采集效率低、监测区域小，难以满足大尺度监测的业务要求。遥感技术尤其是无人机遥感的迅速发展，为生物多样性监测提供了新的有力工具。

　　生态环境部卫星环境应用中心牵头承担了国家重点研发计划课题"草地生物多样性无伤害遥感监测技术与应用示范"（2021YFB3901102），旨在构建天地一体化草地生物多样性立体监测技术，实现草地物种的快速识别以及草地生态参数的快速提取。课题组于 2021—2024 年夏季连续四次组织大规模野外试验，在内蒙古呼伦贝尔、锡林浩特、鄂尔多斯选取研究区，开展了草甸草原、典型草原、荒漠化草原等不同类型的天地一体化数据采集，获取了物种及机载、星载遥感数据，为草原生物多样性立体监测提供了重要数据基础。

　　为更好地共享试验成果，普及草地生物多样性及遥感知识，作者基于课题野外试验成果，编制形成《内蒙古草地植物无人机识别基础图谱》，图谱重在展示地面采集的植物彩色照片及形态信息、空中采集的植物的无人机高清照片、物种高光谱曲线信息，这是空地结合的植物综合信息库。书中收录草地植物 34 科 97 属 141 种，列出每种植物的中文名、学名、形态特征等分类信息及产地、生境等分布信息，并配有不同状态的彩色照片，以便读者对照识别鉴定；收录了 58 种植物的无人机高清照片，89 种植物的地面高光谱曲线，可供基于无人机高清影像和高光谱数据进行物种识别的技术人员参考；此外，本书还收录多幅拍摄自北京 2 号/3 号卫星、无人机高清相机的试验区、样地样方影像，可供读者更清晰地了解试验区状况。目前，利用无人机形态和光谱数据的物种识别技术也在快速发展，取得了不少可喜的成果，本书中不同草地物种的无人机图像及地面高光谱曲线也是创新之举，以期为生物多样性的自动化、智能化调查技术提供有益参考。

本书由生态环境部卫星环境应用中心牵头编制，中国科学院植物研究所、长光禹辰信息技术与装备（青岛）有限公司等团队专家参与编制。在编制过程中，南通智能感知研究院、二十一世纪（北京）遥感技术有限公司等研究团队共同参与野外试验、提供数据支撑；鄂尔多斯市鄂托克旗政府、锡林浩特市生态环境监测站、内蒙古大学、呼伦湖研究院等单位大力支持，为试验提供试验场地和后勤保障，在此一并表示感谢。

由于编者水平有限，书中内容难免存在不足，诚请专家和广大读者批评指正。

编　者

2024 年 9 月于北京

目录

第一章

图谱制作背景与区域概况

一、图谱制作背景

生物多样性关系人类福祉，是人类赖以生存和发展的重要基础。生物多样性保护也是当今国际社会最为瞩目的重大环境问题之一，联合国《生物多样性公约》第十五次缔约方大会（COP15）第一阶段（2021 年 10 月）和第二阶段（2022 年 12 月）会议分别在我国昆明和加拿大蒙特利尔成功举办。会议通过了具有里程碑意义的"昆明-蒙特利尔全球生物多样性框架"，为今后全球生物多样性治理指明了方向和路线，会议还通过了相应的监测框架，对每条行动目标进行监测，充分说明了生物多样性监测工作的重要性。

草地作为我国第一大陆地生态系统，也是我国重要的生态屏障，其生物多样性保护极其重要。传统的样方生物多样性调查需要大量人力、物力，而且难以获得空间上的连续数据。近年来，以无人机为主要监测平台的遥感数据成为研究热点，很多学者采用有人机或无人机搭载多光谱、高光谱、激光雷达等载荷开展物种调查、生态参数的获取，但针对草地生物多样性研究较为欠缺，还存在很多关键问题需要攻关。在此背景下，生态环境部卫星环境应用中心高吉喜研究员牵头实施了"十四五"国家重点研发计划项目"生态环境遥感快速监测评估与智慧监管应用示范"并承担了国家重点研发计划课题"草地生物多样性无伤害遥感监测技术与应用示范"（2021YFB3901102），课题将形态和光谱信息充分结合，发展无伤害、高效的生物多样性遥感调查技术。

本图谱正是在此背景下，结合课题大量野外试验中利用相机和无人机拍摄的物种照片和地面高光谱仪所获取的光谱测量数据，并参考中国植物志、中国植物图像库等，系统梳理了内蒙古常见草地植物的形态和光谱特征，供同行参考使用。

二、研究区概况

1. 呼伦贝尔草原

呼伦贝尔草原位于欧亚草原东部，地处内蒙古自治区东北部，拥有享誉世界的天然牧场，是世界四大草原之一，也是中国北方重要的生态屏障区。该地区属于中温带干旱、半干旱气候，四季分异明显，水热资源差异较大，年平均气温 $-2 \sim 0$ ℃，最冷 1 月平均气温 -28 ℃，最热 7 月平均气温 20 ℃，全年大于 10 ℃的积温为 1 800 ～2 200 ℃，无霜期为 90 ～110 天，降水量全年变化较大，且地区分布极不均匀，平均 230 ～380 mm。呼伦贝尔草原面积约 10 万 km²，由东到西地跨森林、草甸和干旱 3 个地带性草原。按类型，呼伦贝尔草原又可分为山地草甸、山地草甸草原、丘陵草甸草原、平原丘陵干旱草原、沙地

草甸草原（120°0′E，49°18′N）

植被草地、低地草地草原 6 大类。

　　图谱采集区位于呼伦贝尔陈巴尔虎旗（118°22′E～121°10′E，48°43′N～50°10′N），属于呼伦贝尔草原腹地，属于草甸草原。在草地生长旺盛时期，采用传统样方法和无人机遥感手段对该区域植物群落进行调查，调查样区大小为 500 m×500 m，共布设 5 个 30 m×30 m 样地，呈"L"形，每个样地内采用梅花形布点法布设 5 个 1 m×1 m 样方，记录样方中的物种组成、高度和盖度。区域共调查到植物 80 种，隶属 24 科 61 属。其中，菊科（Asteraceae）9 属 12 种，禾本科（Poaceae）8 属 8 种，豆科（Fabaceae）7 属 8 种，蔷薇科（Rosaceae）4 属 8 种，毛茛科（Ranunculaceae）4 属 5 种，苋科（Amaranthaceae）4 属 4 种，石蒜科（Amaryllidaceae）1 属 5 种，其余小于或等于 3 种。总体而言，菊科、禾本科、豆科、蔷薇科是该区域的优势科，共 36 种，占总体的 45%；多年生草本植物占绝对优势（73 种），占比 91.25%，一年生或二年生草本（3 种）占比 3.75%，一年生草本（3 种）占比 3.75%，二年生草本（1 种）占比 1.25%。优势种为羊草、狼针草、糙隐子草、鳞叶龙胆和星毛委陵菜等。

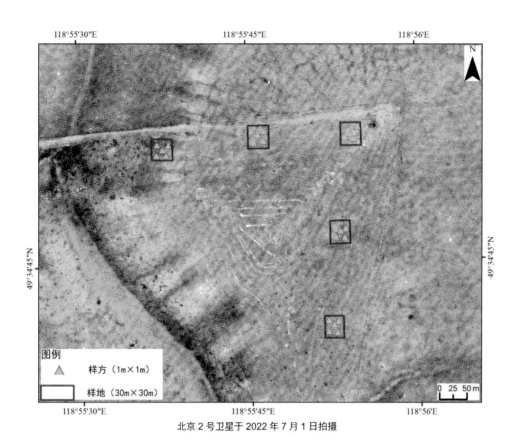

北京 2 号卫星于 2022 年 7 月 1 日拍摄

飞行高度80 m　　　　　　　　飞行高度30 m　　飞行高度5 m

时间：2022年8月　　　地点：内蒙古自治区呼伦贝尔市陈巴尔虎旗　　　草原类型：草甸草原

2. 锡林郭勒草原

锡林郭勒草原位于内蒙古自治区东部锡林郭勒高原，气候以大陆性干旱半干旱气候为主，海拔为 760～1 926 m，年平均气温为 0～3℃，年降水量为 150～350 mm，降水多集中在 7—9 月，具有夏季温暖、冬季寒冷的明显季节性特征。该草原面积约 17.96 万 km²，包括草甸草原、典型草原、沙丘沙地草原。

图谱采集区位于锡林浩特市毛登牧场（116°0′E～116°30′E，44°48′N～44°9′N），属于典型草原。在草地生长旺盛时期，采用传统样方法和无人机遥感手段对该区域植物群落进行调查，调查样地大小为 500 m×500 m，共布设 10 个 30 m×30 m 样地，每个样地内采用梅花形布点法布设 5 个 1 m×1 m 样方，记录样方中的物种组成、高度和盖度。调查发现植物 73 种，隶属 26 科 51 属，其中禾本科（Poaceae）8 属 9 种，豆科（Fabaceae）6 属 9 种，菊科（Asteraceae）6 属 8 种，苋科（Amaranthaceae）5 属 6 种，蔷薇科（Rosaceae）3 属 5 种，石蒜科（Amaryllidaceae）1 属 7 种，共 44 种，占研究区物种比例 60.27%，其余为 3 种及以下。主要优势种为羊草、大针茅、糙隐子草、冷蒿、北芸香等。

典型草原（116°12′E，43°23′N）

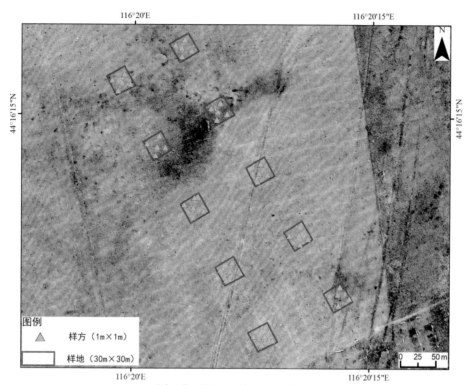

北京 3 号卫星于 2022 年 7 月 3 日拍摄

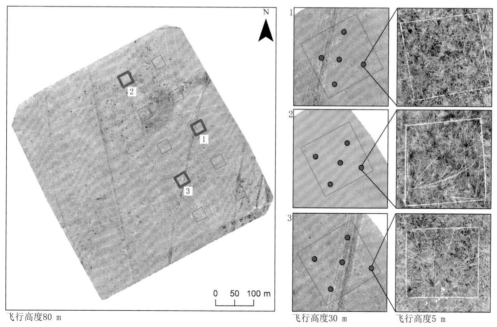

时间：2022年8月　　　地点：内蒙古自治区锡林浩特市毛登牧场　　　草原类型：典型草原

3. 鄂尔多斯草原

鄂尔多斯草原位于内蒙古自治区西南部的黄河"几"字湾腹地，属温带大陆性季风气候，冬夏寒暑变化较大，年平均气温为 5.5～9.1℃，年降水量为 170～350 mm，降水少且时空分布极不均匀，蒸发强烈，年蒸发量高达 2 000～3 000 mm，多风沙天气，是典型的生态脆弱区。该地区草原类型从东到西分别为典型草原、荒漠化草原、草原化荒漠。

图谱采集区位于鄂尔多斯市鄂托克旗（106°41′E～108°54′E，38°18′N～40°11′N），地处内蒙古自治区鄂尔多斯市西南部，属于荒漠化草原。调查时间为 8 月初，采用传统样方法和无人机遥感手段对该区域植物群落进行调查，调查样地大小为 500 m×500 m，共布设 10 个 30 m×30 m 样地，每个样地内采用梅花形布点法布设 5 个 1 m×1 m 样方，记录样方中的物种组成、高度和盖度。区域共调查到植物 56 种，隶属 19 科 47 属，包括多年生草本 33 种、多年生灌木 6 种、一年生草本 15 种。其中菊科（Asteraceae）9 属 12 种，禾本科（Poaceae）10 属 11 种，豆科（Fabaceae）4 属 7 种，苋科（Amaranthaceae）5 属 5 种，唇形科（Lamiaceae）3 属 3 种，其余小于 3 种。总体而言，菊科、禾本科、豆科、苋科和唇形科是该区域的优势科，共有 38 种，占研究区物种数的 67.86%。样方平均物种数为 13.52 种，不同样方间优势物种差异较大，主要优势种为短花针茅、细叶韭、九顶草、狭叶锦鸡儿等。

荒漠草原（107°35′E，39°16′N）

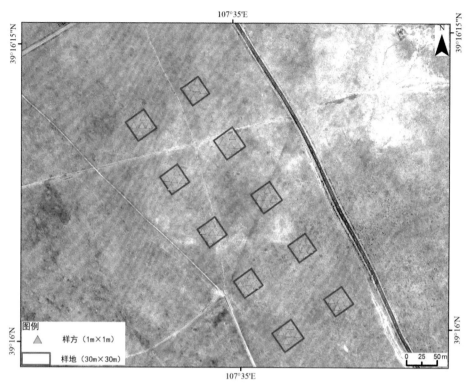

北京 3 号卫星于 2022 年 8 月 4 日拍摄

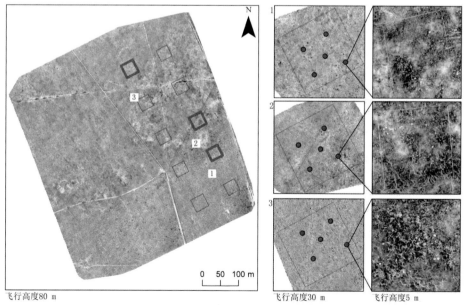

飞行高度80 m

飞行高度30 m　　飞行高度5 m

时间：2022年8月　　　地点：内蒙古自治区鄂尔多斯市鄂托克旗　　　草原类型：荒漠草原

第二章

物种图谱

一、百合科 Liliaceae

1 山丹

Lilium pumilum DC.（百合科　百合属）

形态特征

株：高 20～60 cm；**茎：**鳞茎卵形或圆锥形，高 2.5～4.5 cm，径 2～3 cm；鳞片长圆形或长卵形，长 1～3.5 cm，宽 1～1.5 cm，白色；**叶：**叶散生茎中部，线形，长 3.5～9 cm，宽 1.5～3 mm，中脉下面突出，边缘有乳头状突起；**花：**花单生或数朵成总状花序；花鲜红色，常无斑点，有时有少数斑点，下垂；花被片反卷，长 4～4.5 cm，宽 0.8～1.1 cm，蜜腺两侧有乳头状突起；花丝长 1.2～2.5 cm，无毛，花药长约 1 cm，黄色；子房长 0.8～1 cm；花柱长 1.2～1.5 cm，柱头膨大，径 5 mm，3 裂；**果：**蒴果长圆形，长 2 cm。

花期：7—8 月；**果期：**9—10 月。

产地生境

国内产地：河北、河南、山西、陕西、宁夏、山东、青海、甘肃、内蒙古、黑龙江、辽宁、吉林。

生境：山坡草地或林缘。

二、鸢尾科 Iridaceae

2 大苞鸢尾

Iris bungei Maxim.（鸢尾科 鸢尾属）

形态特征

株：密丛草木，老叶叶鞘宿存；**茎：**根状茎，块状，木质；**叶：**叶线形，有 4～7 纵脉，无中脉，长 20～50 cm，宽 2～4 mm；**花：**花茎高 15～25 cm；苞片 3，宽卵形或卵形，长 8～10 cm，平行脉间无横脉，包 2 花；**果：**蒴果圆柱状窄卵圆形，长 8～9 cm，顶端喙长 8～9 cm。

花期：5—6 月；果期：7—8 月。

产地生境

国内产地：内蒙古、山西、甘肃、宁夏。

生境：沙漠、半荒漠、沙质草地或沙丘上。

无人机拍摄

机型：DJI Mini3 Pro；飞行高度：1 m；拍摄角度：45°；时间：2022 年 8 月 2 日；地点：鄂尔多斯。

光谱曲线

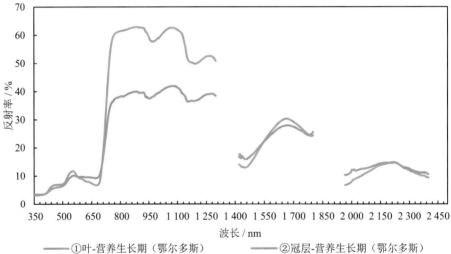

①叶-营养生长期（鄂尔多斯）　　　②冠层-营养生长期（鄂尔多斯）

①2022 年 8 月 2 日　　　②2022 年 8 月 2 日
14:04　　　　　　　　17:24

可见光-近红外（350～1 300 nm）：该谱段的反射特征受光的吸收和散射特征影响。可见光的反射特征主要反映了植物色素的吸收水平，550 nm 处是叶绿素的强反射区，光谱反射率有一处波峰。近红外的反射特征主要反映了植物叶片、冠层的散射程度以及对于水分的吸收情况，在 700 nm 处反射率急剧上升形成"红边"现象，该物种的叶和冠层在 950 nm 和 1 150 nm 附近有水的窄吸收带，反射光谱曲线呈现波状起伏的特点。相较于冠层（曲线②），采集镜头内叶（曲线①）较多，在近红外波段具有更高的反射率。

短波红外（1 300～2 500 nm）：该谱段光谱反射特征主要受植物含水量强吸收的影响。相比冠层（曲线②）叶的光谱曲线（曲线①）起伏特征更明显。由于是野外采集，受大气水吸收带影响，1 400 nm 以及 1 900 nm 左右的两个波段范围的数据信噪比很低，未在图中显示。

③ 野鸢尾　　　　　　　　　*Iris dichotoma* Pall.（鸢尾科 鸢尾属）

形态特征

　　根：须根发达，粗长；**茎：**根状茎，不规则块状，棕褐色；**叶：**叶基生或在花茎基部互生，剑形，长 15~35 cm，宽 1.5~3 cm，两面灰绿色，无明显中脉；**花：**花茎实心，上部二歧状分枝，高 40~60 cm；苞片 4~5，膜质，披针形，长 1.5~2.3 cm，包 3~4 花；花蓝紫或淡蓝色，径 4~4.5 cm，花被筒甚短；外花被裂片宽倒披针形，长 3~3.5 cm，无附属物，有棕褐色斑纹，内花被裂片窄倒卵形，长约 2.5 cm；雄蕊长 1.6~1.8 cm；花柱分枝花瓣状，顶端裂片窄三角形，子房长约 1 cm；**果：**蒴果圆柱形，长 3.5~5 cm；**种子：**椭圆形，暗褐色，有小翅。

　　花期：7—8 月；**果期：**8—9 月。

产地生境

　　国内产地：黑龙江、吉林、辽宁、内蒙古、河北、山西、山东、河南、安徽、江苏、江西、陕西、甘肃、宁夏、青海。

　　生境：沙质草地、山坡石隙等向阳干燥处。

光谱曲线

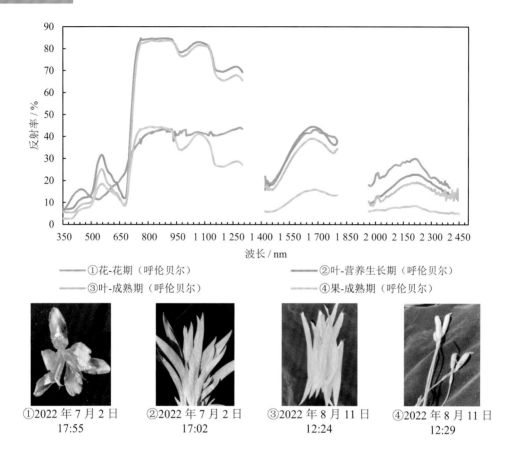

①花-花期（呼伦贝尔）　②叶-营养生长期（呼伦贝尔）
③叶-成熟期（呼伦贝尔）　④果-成熟期（呼伦贝尔）

①2022 年 7 月 2 日 17:55　②2022 年 7 月 2 日 17:02　③2022 年 8 月 11 日 12:24　④2022 年 8 月 11 日 12:29

可见光-近红外（350～1 300 nm）：该谱段的反射特征受光的吸收和散射特征影响。可见光的反射特征主要反映了植物色素的吸收水平，相较于其他器官（曲线②、曲线③和曲线④）而言，花（曲线①）呈现紫色，因此在 400 nm 处呈现一处波峰。近红外的反射特征主要反映了植物叶片、冠层的散射程度以及对于水分的吸收情况，在 700 nm 处反射率急剧上升形成"红边"现象，该物种的叶、花和果在此谱段内有水的窄吸收带，反射光谱曲线呈现波状起伏的特点。对于叶（曲线②和曲线③），近红外光经叶片细胞的反射、折射作用，形成较高的反射率。

短波红外（1 300～2 500 nm）：该谱段光谱反射特征主要受植物含水量强吸收的影响。相较于其他器官，花（曲线①）的光谱曲线由水的强吸收而形成的起伏特征更明显。由于是野外采集，受大气水吸收带影响，1 400 nm 以及 1 900 nm 左右的两个波段范围的数据信噪比很低，未在图中显示。

4 细叶鸢尾

Iris tenuifolia Pall.（鸢尾科 鸢尾属）

形态特征

株：植株基部宿存老叶叶鞘；**茎：**根状茎块状，木质；**叶：**叶质坚韧，丝状或线形，无中脉，长 20～60 cm，宽 1.5～2 mm；**花：**花茎短，不伸出地面；苞片 4，膜质，披针形，包 2～3 花；花蓝紫色，直径约 7 cm；花梗细，长 3～4 mm；花被管长 4.5～6 cm，外花被裂片匙形，长 4.5～5 cm，宽约 1.5 cm，爪部较长，中央下陷呈沟状，中脉上无附属物，但常生有纤毛，内花被裂片倒披针形，长约 5 cm，宽 5 mm，直立；雄蕊长约 3 cm，花丝与花药近等长；花柱分枝长约 4 cm，宽 4～5 mm，顶端裂片狭三角形，子房细圆柱形，长 0.7～1.2 cm，直径约 2 mm；**果：**蒴果倒卵圆形，长 3.2～4.5 cm，有短喙。

花期：4—5 月；**果期：**8—9 月。

产地生境

国内产地：黑龙江、吉林、辽宁、内蒙古、河北、山西、陕西、甘肃、宁夏、青海、新疆、西藏。

生境：固定沙丘或沙质地上。

5 粗根鸢尾

Iris tigridia Bunge（鸢尾科 鸢尾属）

形态特征

株：植株基部有大量老叶残留纤维，棕褐色，不反卷；**根：**根肉质，尖端渐细，有皱缩横纹；**叶：**叶深绿色，有光泽，线形，长达 30 cm，宽 3 mm，无明显中脉；**花：**花茎不伸出地面；苞片 2，膜质，包 1 花；花蓝紫或红紫色，花被筒长约 2 cm；外花被裂片窄倒卵形，有紫褐及白色斑纹，中脉有黄色须毛状附属物，内花被裂片倒披针形；雄蕊长约 1.5 cm；花柱分枝扁平，长约 2.3 cm，顶端裂片窄三角形，子房纺锤形；**果：**蒴果卵圆形或椭圆形，长 3.5～4 cm；**种子：**棕褐色，有黄白色附属物。

花期：5 月；**果期：**6—8 月。

产地生境

国内产地：黑龙江、吉林、辽宁、内蒙古、山西。

生境：固定沙丘、沙质草原或干山坡上。

6 囊花鸢尾 *Iris ventricosa* Pall.（鸢尾科 鸢尾属）

形态特征

株：植株基部残留老叶叶鞘；**茎：**根状茎块状，木质；**叶：**叶线形，灰绿色，无明显中脉，长 20～35 cm，宽 3～4 mm；**花：**花茎高 10～15 cm；苞片 3，草质，卵圆形或宽披针形，长 6～8 cm，平行脉间有横纹连成网状；花蓝紫色，径 6～7 cm；花被筒细，长 2.5～4 cm；外花被裂片细长，匙形，长 4～4.5 cm，无附属物，有单细胞纤毛，内花被裂片线形或窄披针形；雄蕊花药黄紫色；花柱分枝片状，稍弯曲，顶端裂片窄三角形，子房圆柱形，中部稍膨大，长约 1.5 cm；**果：**蒴果三棱状卵圆柱形。

花期：5 月；**果期：**7—8 月。

产地生境

国内产地：黑龙江、吉林、辽宁、内蒙古、河北。

生境：固定沙丘或沙质草甸。

三、石蒜科 Amaryllidaceae

7 矮韭　　*Allium anisopodium* Ledeb.（石蒜科 葱属）

形态特征

茎： 鳞茎数枚聚生，近圆柱状，外皮紫褐、黑褐或灰褐色，膜质，不规则开裂，有时顶端几呈纤维状；**叶：** 叶半圆柱状，有时为三棱状窄条形，稀线形，近与花葶等长，光滑，稀沿纵棱具细糙齿；**花：** 花葶圆柱状，具细纵棱，光滑，下部被叶鞘；总苞单侧开裂，宿存；伞形花序近帚状，疏散；小花梗不等长；花淡紫或紫红色；内轮花被片倒卵状长圆形，先端平截或钝圆状平截，外轮的卵状长圆形或宽卵状长圆形，稀扩大部分每侧各具 1 小齿，外轮的锥形，有时基部稍扩大，稍短于内轮；子房卵球状，基部无凹陷的蜜穴，花柱不伸出花被。

花果期： 7—9 月。

产地生境

国内产地： 黑龙江、吉林、辽宁、山东、河北、内蒙古、新疆。

生境： 山坡、草地或沙丘。

光谱曲线

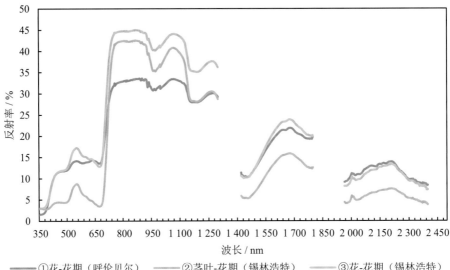

①2022 年 7 月 2 日
16:37

②2022 年 7 月 6 日
16:58

③2022 年 7 月 6 日
16:59

可见光-近红外（350～1 300 nm）：该谱段的反射特征受光的吸收和散射特征影响。可见光的反射特征主要反映了植物色素的吸收水平，相较于花（曲线①和曲线③）而言，茎叶（曲线②）叶绿素含量较高，反射率较低。近红外的反射特征主要反映了植物叶片、冠层的散射程度以及对水分的吸收情况，在 700 nm 处反射率急剧上升形成"红边"现象，该物种的茎叶和花在此谱段内有水的窄吸收带，反射光谱曲线呈现波状起伏的特点。

短波红外（1 300～2 500 nm）：该谱段光谱反射特征主要受植物含水量强吸收的影响。相比花（曲线①和曲线③），茎叶的光谱曲线（曲线②）起伏特征更明显。由于是野外采集，受大气水吸收带影响，1 400 nm 以及 1 900 nm 左右的两个波段范围的数据信噪比很低，未在图中显示。

8 砂韭 *Allium bidentatum* Fisch. ex Prokh. & Ikonn.-Gal.（石蒜科 葱属）

形态特征

茎：鳞茎常密集聚生，圆柱状，有时基部稍膨大，径 3～6 mm，外皮褐或灰褐色，薄革质，条裂，有时顶端纤维状；**叶：**叶半圆柱状，短于花葶，宽 1～1.5 mm；**花：**花梗近等长，与花被片近等长，稀为其 1.5 倍长，无小苞片；花红或淡紫色；内轮花被片窄长圆形或长圆状椭圆形，长 5~6.5 mm，先端近平截，常具不规则小齿，外轮长圆状卵形或卵形，长 4~5.5 mm，稍短于内轮；花丝等长，稍短于花被片，基部 0.6~1 mm 合生并与花被片贴生，内轮 4/5 呈卵状长圆形，两侧具钝齿，稀无齿，外轮锥形；子房卵圆形，具疣状突起或突起不明显，基部无凹陷蜜穴，花柱不伸出花被。

花果期：7—9 月。

产地生境

国内产地：黑龙江、吉林、辽宁、河北、山西、内蒙古、新疆。

生境：向阳山坡或草原上。

9 黄花葱   *Allium condensatum* Turcz. （石蒜科 葱属）

形态特征

茎：鳞茎常单生，稀 2 枚聚生，窄卵状圆柱形或近圆柱状，径 1～2（2.5）mm，外皮红褐色，薄革质，有光泽，条裂；**叶：**叶圆柱状或半圆柱状，中空，短于花莛，宽 1～2.5 mm，上面具槽；**花：**花梗近等长，长为花被片 2～4 倍，具小苞片；花淡黄或白色；花被片卵状长圆形，长 4～5 mm，外轮略短；花丝锥状，等长，比花被片长 1/4～1/2，基部合生并与花被片贴生；子房倒卵圆形，腹缝基部具有窄帘的凹陷蜜穴，花柱伸出花被。

花果期：7—9 月。

产地生境

国内产地：黑龙江、吉林、辽宁、山东、河北、山西、内蒙古。

生境：山坡或草地上。

光谱曲线

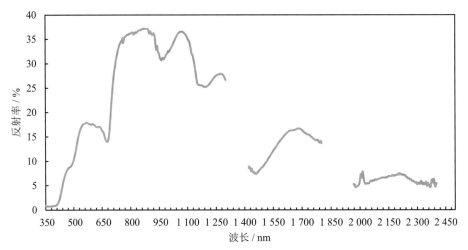

花-花期（锡林浩特）

2022 年 8 月 7 日
16:48

可见光-近红外（350～1 300 nm）：该谱段的反射特征受光的吸收和散射特征影响。可见光的反射特征主要反映了植物色素的吸收水平，在 550 nm 处是叶绿素的强反射区，光谱反射率有一处波峰。近红外的反射特征主要反映了植物叶片、冠层的散射程度以及对于水分的吸收情况，在 700 nm 处反射率急剧上升形成"红边"现象，到达峰值时花的光谱曲线反射率大于 35%，该物种的花在 950 nm 和 1 150 nm 附近有水的窄吸收带，光谱曲线呈现波状起伏的特点。

短波红外（1 300～2 500 nm）：该谱段光谱反射特征主要受植物含水量强吸收的影响。由于是野外采集，受大气水吸收带影响，1 400 nm 以及 1 900 nm 左右的两个波段范围的数据信噪比很低，未在图中显示。

10　蒙古韭　　*Allium mongolicum* Regel　（石蒜科 葱属）

形态特征

　　茎： 鳞茎密集丛生，圆柱状，鳞茎外皮褐黄色，纤维状；**叶：** 叶半圆柱状或圆柱状，短于花葶，宽 0.5～1.5 mm；**花：** 花梗近等长，与花被片近等长或长 2 倍，无小苞片；花淡红、淡紫或紫红色；花被片卵状长圆形，长 6～9 mm，先端钝圆，内轮常稍长；花丝近等长，长为花被片 1/2～2/3，基部合生并与花被片贴生，内轮下部约 1/2 卵形，外轮锥形；子房倒卵圆形，基部无凹陷蜜穴，花柱伸出花被。

　　花果期： 7—9 月。

产地生境

国内产地：新疆、青海、甘肃、宁夏、陕西、内蒙古、辽宁。

生境：荒漠、沙地或干旱山坡。

无人机拍摄

机型：DJI Mini3 Pro；**飞行高度：**1 m；**拍摄角度：**45°；**时间：**2022 年 8 月 2 日；**地点：**鄂尔多斯。

光谱曲线

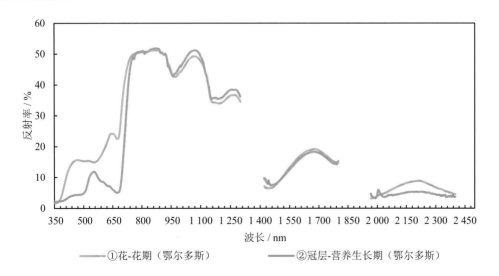

①花-花期（鄂尔多斯）　　②冠层-营养生长期（鄂尔多斯）

①2022 年 8 月 2 日　　　②2022 年 8 月 2 日
　　10:55　　　　　　　　　16:39

　　可见光-近红外（350～1 300 nm）：该谱段的反射特征受光的吸收和散射特征影响。可见光的反射特征主要反映了植物色素的吸收水平，相较于营养生长期的冠层（曲线②）而言，花（曲线①）呈现紫色，因此在 400 nm 处呈现一处波峰。550 nm 处是叶绿素的强反射区，光谱反射率有一处波峰。近红外的反射特征主要反映了植物叶片、冠层的散射程度以及对于水分的吸收情况，在 700 nm 处反射率急剧上升形成"红边"现象，该物种的花和冠层在 950 nm 和 1 150 nm 附近有水的窄吸收带，反射光谱曲线呈现波状起伏的特点。

　　短波红外（1 300～2 500 nm）：该谱段光谱反射特征主要受植物含水量强吸收的影响。相比冠层（曲线②），花的光谱曲线（曲线①）起伏特征更明显。由于是野外采集，受大气水吸收带影响，1 400 nm 以及 1 900 nm 左右的两个波段范围的数据信噪比很低，未在图中显示。

11 野韭　　　　　　　　　*Allium ramosum* L.（石蒜科 葱属）

形态特征

茎：鳞茎皮暗黄色到淡黄色、棕色，网状到近网状；**叶：**叶三棱状线形，空，背面具纵棱；沿叶缘和丛棱具细糙齿或光滑的；**花：**伞形花序，半球状或近球形，多花；花梗近等长，花被白色，有时稍淡红；花被片具浅红色中脉；外部的长圆状卵形到长圆状披针形，通常比内部稍狭窄，花丝狭三角形，等长，茎部合生并与花被片贴生。

花果期：6—9 月。

产地生境

国内产地：黑龙江、吉林、辽宁、河北、山东、山西、内蒙古、陕西、宁夏、甘肃、青海、新疆。

生境：向阳山坡、草坡或草地上。

无人机拍摄

机型：DJI Mini3 Pro；**飞行高度：**①②：2 m，③④：1 m；**拍摄角度：**45°；**时间：**①②：2022 年 8 月 11 日，③：2022 年 8 月 8 日，④：2022 年 7 月 6 日；**地点：**①②：呼伦贝尔，③④：锡林浩特。

光谱曲线

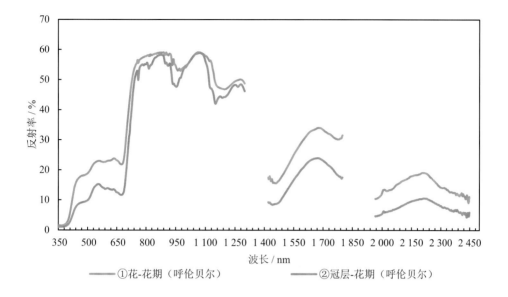

——①花-花期（呼伦贝尔）　　　——②冠层-花期（呼伦贝尔）

①2022 年 8 月 11 日
17:21

②2022 年 8 月 11 日
11:27

可见光-近红外（350～1 300 nm）：该谱段的反射特征受光的吸收和散射特征影响。可见光的反射特征主要反映了植物色素的吸收水平，550 nm 处是叶绿素的强反射区，故此波段的反射光谱曲线具有波峰的形态。近红外的反射特征主要反映了植物叶片、冠层的散射程度以及对于水分的吸收情况，在 700 nm 处反射率急剧上升形成"红边"现象，该物种的花在 950 nm 和 1 150 nm 附近有水的窄吸收带，反射光谱曲线呈现波状起伏的特点。

短波红外（1 300～2 500 nm）：该谱段光谱反射特征主要受植物含水量强吸收的影响。相比花期的冠层（曲线②），花的光谱曲线（曲线①）起伏特征更明显。由于是野外采集，受大气水吸收带影响，1 400 nm 以及 1 900 nm 左右的两个波段范围的数据信噪比很低，未在图中显示。

12 山韭

Allium senescens L. （石蒜科 葱属）

形态特征

茎： 鳞茎单生或数枚聚生，窄卵状圆柱形或圆柱状，具粗壮横生根状茎，鳞茎外皮灰黑或黑色，膜质，不裂；**叶：** 叶线形或宽线形，肥厚，基部近半圆柱状，上部扁平，有时微呈镰状，短于或稍长于花葶，先端钝圆，边缘和纵脉有时具极细糙齿；**花：** 花梗近等长，长为花被片 2～4 倍，稀更短，具小苞片；花淡紫或紫红色；内轮花被片长圆状卵形或卵形，先端常具不规则小齿，外轮卵形，舟状，稍短于内轮；花丝等长，稍长于花被片或为其 1.5 倍，基部合生并与花被片贴生，内轮披针状三角形，外轮锥形；子房倒卵圆形，基部无凹陷蜜穴，花柱伸出花被。

花果期： 7—9 月。

产地生境

国内产地： 黑龙江、吉林、辽宁、河北、山西、内蒙古、甘肃、新疆、河南。

生境： 草原、草甸或山坡上。

无人机拍摄

机型： DJI Mini3 Pro；**飞行高度：** 1 m；**拍摄角度：** 45°；**时间：** ①②④：2022 年 8 月 8 日，③：2022 年 8 月 7 日；**地点：** 锡林浩特。

光谱曲线

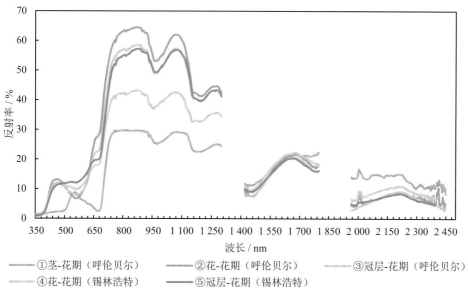

①茎-花期（呼伦贝尔）　　②花-花期（呼伦贝尔）　　③冠层-花期（呼伦贝尔）

④花-花期（锡林浩特）　　⑤冠层-花期（锡林浩特）

①2022 年 8 月 11 日
14:38

②2022 年 8 月 11 日
14:41

③2022 年 8 月 12 日
11:24

④2022 年 8 月 7 日
16:49

⑤2022 年 8 月 6 日
14:42

可见光-近红外（350～1 300 nm）：该谱段的反射特征受光的吸收和散射特征影响。可见光的反射特征主要反映了植物色素的吸收水平，花呈现紫色，因此在 400 nm 处有一强反射峰，叶绿素含量较低，在 550 nm 处有一吸收谷。近红外的反射特征主要反映了植物叶片、冠层的散射程度以及对于水分的吸收情况，在 700 nm 处反射率急剧上升形成"红边"现象，该物种的叶和花在此波段内有水的窄吸收带，反射光谱曲线呈现波状起伏的特点。采集镜头内茎（曲线①）较少，在此谱段内光谱反射率较低。

短波红外（1 300～2 500 nm）：该谱段光谱反射特征主要受植物含水量强吸收的影响。采集镜头内茎（曲线①）较少，光谱曲线起伏特征不明显。由于是野外采集，受大气水吸收带影响，1 400 nm 以及 1 900 nm 左右的两个波段范围的数据信噪比很低，未在图中显示。

13 细叶韭

Allium tenuissimum L.（石蒜科 葱属）

形态特征

茎：鳞茎数枚聚生，近圆柱状，外皮紫褐、黑褐或灰褐色，膜质，顶端不规则开裂；
叶：叶半圆柱状或近圆柱状，与花葶近等长，光滑，稀沿棱具细糙齿；**花**：花葶圆柱状，
具细纵棱，下部被叶鞘；总苞单侧开裂，宿存；伞形花序半球状或近帚状，疏散。

花果期：7—9 月。

产地生境

国内产地： 黑龙江、吉林、辽宁、山东、河北、山西、内蒙古、甘肃、四川、陕西、宁夏、河南、江苏、浙江。

生境： 山坡、草地或沙丘上。

无人机拍摄

机型： DJI Mini3 Pro；**飞行高度：** 1 m；**拍摄角度：** 45°；**时间：** ①②：2022 年 8 月 8 日，③⑤：2022 年 8 月 11 日，④：2022 年 8 月 2 日；**地点：** ①②：锡林浩特，③⑤：呼伦贝尔，④：鄂尔多斯。

光谱曲线

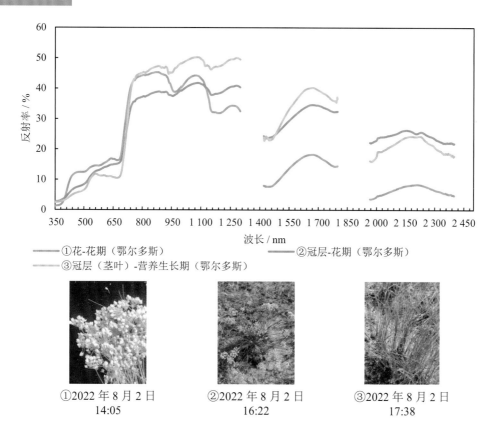

①2022年8月2日 14:05

②2022年8月2日 16:22

③2022年8月2日 17:38

①花-花期（鄂尔多斯）　②冠层-花期（鄂尔多斯）　③冠层（茎叶）-营养生长期（鄂尔多斯）

可见光-近红外（350～1 300 nm）：该谱段的反射特征受光的吸收和散射特征影响。可见光的反射特征主要反映了植物色素的吸收水平，花（曲线①）呈现紫色，因此在400 nm处有一强反射峰，冠层（茎叶）（曲线③）中叶绿素含量较高，在550 nm处有叶绿素强反射峰。近红外的反射特征主要反映了植物叶片、冠层的散射程度以及对于水分的吸收情况，在700 nm处反射率急剧上升形成"红边"现象，该物种的叶和花在此波段内有水的窄吸收带，反射光谱曲线呈现波状起伏的特点。

短波红外（1 300～2 500 nm）：该谱段光谱反射特征主要受植物含水量强吸收的影响。花期的冠层（曲线②）在该谱段内光谱反射率高于其他器官。由于是野外采集，受大气水吸收带影响，1 400 nm以及1 900 nm左右的两个波段范围的数据信噪比很低，未在图中显示。

四、天门冬科 Asparagaceae

14　知母　　*Anemarrhena asphodeloides* Bunge　（天门冬科 知母属）

形态特征

　　根：根较粗；**茎**：根状茎横走，被残存叶鞘覆盖；**叶**：叶基生，禾叶状；**花**：花莛生于叶丛中或侧生，直立；花 2～3 朵，簇生，排成总状花序，花序长 20～50 cm；苞片小，卵形或卵圆形，先端长渐尖；花粉红、淡紫或白色；花被片 6，基部稍合生，条形，中央具 3 脉，宿存；雄蕊 3，生于内花被片近中部，花丝短，扁平，花药近基着，内向纵裂；子房 3 室，每室 2 胚珠，花柱与子房近等长，柱头小；**果：** 蒴果窄椭圆形，顶端有短喙，室背开裂，每室 1～2 种子；**种子：** 黑色，具 3～4 窄翅。

花果期：6—9 月。

产地生境

国内产地： 河北、山西、山东、陕西、甘肃、内蒙古、辽宁、吉林、黑龙江。

生境： 山坡、草地或路旁较干燥或向阳的地方。

无人机拍摄

机型： DJI Mini3 Pro；**飞行高度：** 1 m；**拍摄角度：** 45°；**时间：** 2022 年 8 月 8 日；**地点：** 锡林浩特。

光谱曲线

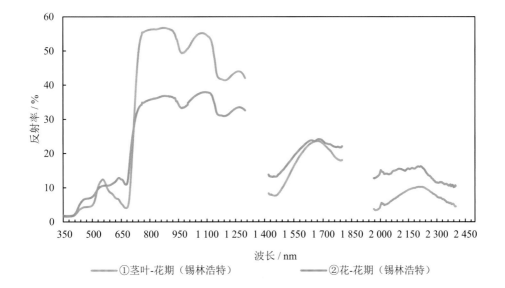

波长 / nm

———— ①茎叶-花期（锡林浩特）　　　　———— ②花-花期（锡林浩特）

①2022 年 7 月 6 日　　　②2022 年 7 月 6 日
16:56　　　　　　　　16:57

可见光-近红外（350～1 300 nm）：该谱段的反射特征受光的吸收和散射特征影响。可见光的反射特征主要反映了植物色素的吸收水平，花（曲线②）内叶绿素含量较低，在此谱段内其光谱曲线反射率和茎叶（曲线①）等有差别。近红外的反射特征主要反映了植物叶片、冠层的散射程度以及对于水分的吸收情况，在 700 nm 处反射率急剧上升形成"红边"现象，该物种的叶和花在此波段内有水的窄吸收带，反射光谱曲线呈现波状起伏的特点。采集镜头内花期的茎叶（曲线①）较多，因此在近红外波段具有更高的反射率。

短波红外（1 300～2 500 nm）：该谱段光谱反射特征主要受植物含水量强吸收的影响。相比花（曲线②），茎叶的光谱曲线（曲线①）起伏特征更明显。由于是野外采集，受大气水吸收带影响，1 400 nm 以及 1 900 nm 左右的两个波段范围的数据信噪比很低，未在图中显示。

15 兴安天门冬   *Asparagus dauricus* Link （天门冬科 天门冬属）

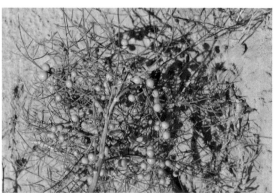

形态特征

　　株: 高 70 cm；**根:** 根细长，径约 2 mm；**茎:** 茎和分枝有条纹，有时幼枝具软骨质齿；叶状枝 1～6 成簇，常斜立，和分枝成锐角，稀兼有平展和下倾，稍扁圆柱形，微有几条不明显钝棱，伸直或稍弧曲，有时有软骨质齿；鳞叶基部无刺；**花:** 花 2 朵，腋生，黄绿色；雄花花梗长 3～5 mm，和花被近等长，关节生于近中部；花丝大部分贴于生花被片，离生部分为花药 1/2，雌花花被长约 1.5 mm，短于花梗，花梗关节生于上部；**果:** 浆果，具 2～6 种子。

　　花期: 5—6 月；**果期:** 7—9 月。

产地生境

　　国内产地: 东北、内蒙古、河北、山西、陕西、山东、江苏。

生境： 沙丘或干燥山坡上。

光谱曲线

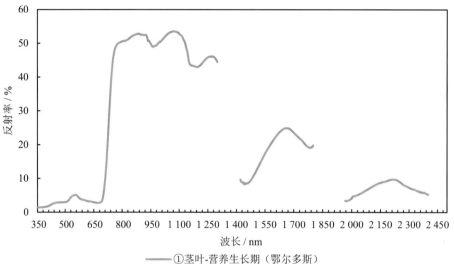

———①茎叶-营养生长期（鄂尔多斯）

①2022 年 8 月 3 日
15:23

可见光-近红外（350～1 300 nm）：该谱段的反射特征受光的吸收和散射特征影响。可见光的反射特征主要反映了植物色素的吸收水平，在 550 nm 处是叶绿素的强反射区，光谱反射率有一处波峰。近红外的反射特征主要反映了植物叶片、冠层的散射程度以及对于水分的吸收情况，在 700 nm 处反射率急剧上升形成"红边"现象，到达峰值时茎叶光谱曲线反射率大于 50%，该物种的茎叶在 950 nm 和 1 150 nm 附近有水的窄吸收带，反射光谱曲线呈现波状起伏的特点。

短波红外（1 300～2 500 nm）：该谱段光谱反射特征主要受植物含水量强吸收的影响。由于是野外采集，受大气水吸收带影响，1 400 nm 以及 1 900 nm 左右的两个波段范围的数据信噪比很低，未在图中显示。

五、莎草科 Cyperaceae

16 寸草

Carex duriuscula C. A. Mey. （莎草科　薹草属）

形态特征

　　株: 高 5～20 cm; **根:** 具地下根状茎; **茎:** 纤细, 平滑, 基部叶鞘灰褐色, 裂成纤维状; **叶:** 叶短于秆, 宽 1～1.5 mm, 内卷成针状, 边缘稍粗糙; 苞片鳞片状; **花:** 穗状花序卵形或球形, 长 0.5～1.5 cm; 小穗 3～6, 卵形, 密生, 长 4～6 mm, 雄雌顺序, 少花; 雌花鳞片宽卵形或椭圆形, 长 3～3.2 mm, 锈褐色, 边缘及先端白色膜质, 具短尖; **果:** 果囊宽椭圆形或宽卵形, 长 3～3.5 mm, 平凸状, 革质, 锈色或黄褐色, 成熟时稍有光泽, 多脉, 基部有海绵状组织, 柄粗短, 喙短, 喙缘稍粗糙, 喙口白色膜质, 斜截; 小坚果稍疏松包果囊中, 近圆形或宽椭圆形, 长 1.5～2 mm; 花柱基部膨大, 柱头 2。

　　花果期: 4—6 月。

产地生境

　　国内产地: 黑龙江、吉林、辽宁、内蒙古、甘肃。

　　生境: 草原、山坡、路边或河岸湿地。

光谱曲线

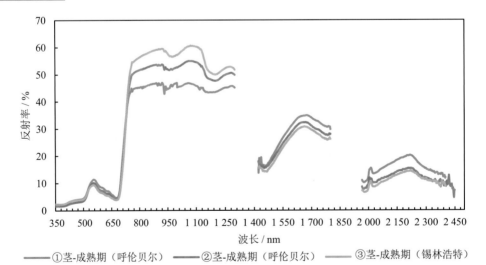

①茎-成熟期（呼伦贝尔）　②茎-成熟期（呼伦贝尔）　③茎-成熟期（锡林浩特）

①2022 年 7 月 2 日
18:13

②2022 年 8 月 11 日
16:12

③2022 年 8 月 7 日
16:32

可见光-近红外（350～1 300 nm）：该谱段的反射特征受光的吸收和散射特征影响。可见光的反射特征主要反映了植物色素的吸收水平，茎叶中叶绿素含量较高，在蓝、红光体现了强吸收，在绿光体现出小的反射峰。近红外的反射特征主要反映了植物叶片、冠层的散射程度以及对于水分的吸收情况，在 700 nm 处反射率急剧上升形成"红边"现象，到达峰值时茎叶光谱曲线反射率均大于 40%，该物种的茎叶在 950 nm 和 1 150 nm 附近有水的窄吸收带，反射光谱曲线呈现波状起伏的特点。

短波红外（1 300～2 500 nm）：该谱段光谱反射特征主要受植物含水量强吸收的影响。三条曲线均是茎的光谱曲线，起伏特征差异不大。由于是野外采集，受大气水吸收带影响，1 400 nm 以及 1 900 nm 左右的两个波段范围的数据信噪比很低，未在图中显示。

17 黄囊薹草　　　　　　　*Carex korshinskyi* Kom.　（莎草科 薹草属）

形态特征

株：高 15～35 cm，纤细，扁三棱形，上部微粗糙，基部具少数淡黄褐色或红褐色无叶片的鞘，残存老叶鞘常裂成纤维状；**叶：**叶短于或稍长于秆，宽 1～2 mm，稍坚挺，上面和边缘粗糙，具叶鞘；苞片鳞片状，最下部苞片有的具长芒；**花：**小穗 2～3（4），上部的雌小穗靠近顶生雄小穗，最下部的雌小穗稍疏离，雄小穗顶生，棒形或披针形，长 1～2.5 cm，无柄；雌小穗侧生，卵形或近球形，长 0.5～1 cm，密生几朵至 10 余朵花，无柄；雌花鳞片卵形，长约 3 mm，先端急尖，褐色，边缘白色透明，具 1 中脉；**果：**果囊斜展，后期稍叉开，椭圆形或倒卵形，鼓胀二棱状，革质，鲜黄色，平滑，有光泽，脉不明显，喙短，喙口斜截或微缺；小坚果紧包果囊内，椭圆形，三棱状，灰褐色，顶端具小短尖；花柱基部稍增粗，柱头 3。

花果期：7—9 月。

产地生境

国内产地：黑龙江、辽宁、内蒙古、陕西、甘肃、新疆。

生境：生于草原、山坡或沙丘地带。

18 柄状薹草　　　　*Carex pediformis* C. A. Mey　（莎草科 薹草属）

形态特征

株：高 25～40 cm，纤细，略坚挺；**茎：**秆密或疏丛生，高 25～40 cm，纤细，略坚挺；**叶：**叶短于秆，平展，宽 2～3 mm，基部具褐色或暗褐色裂成纤维状宿存叶鞘苞片佛焰苞状，苞鞘绿色，口部白色膜质，苞片甚短，或呈刚毛状；**花：**小穗 3～4，下部 1 个稍疏离，余较接近；顶生雄小穗棒状圆柱形，长 0.8～2 cm，侧生雌小穗长圆形或长圆状圆柱形，长 1～2 cm，花多数稍密生或疏生，小穗柄通常不伸出苞鞘；雌花鳞片倒卵形、卵形、卵状长圆形或长圆形，长 4～4.5 mm，先端钝或急尖，具短尖或短芒，纸质，两侧褐或褐红色，有白色宽膜质边缘，中间绿色，1～3 脉；**果：**果囊倒卵形或倒卵状长圆形，钝三棱状，长 3.5～4.5 mm，淡绿色，密被白色短柔毛，背面无脉，腹面具 2 侧脉及数细脉，具长柄，喙短外弯，喙口微凹；小坚果倒卵形，三棱状，长 2.5～3 mm，黄褐色，花柱基部增粗，柱头 3。

花果期：5—9 月。

产地生境

国内产地：黑龙江、吉林、内蒙古、河北、山西、陕西、甘肃、青海、新疆、湖北西部。

生境：草原、山坡、疏林下或林间坡地。

六、禾本科　Poaceae

19　狼针草　　　　*Stipa baicalensis* Roshev.　（禾本科　针茅属）

形态特征

株：高 50～80 cm，3～4 节；**茎：**秆丛生；高 50～80 cm，3～4 节；**叶：**叶鞘下部常长于节间，平滑或粗涩，基生叶舌长 0.5～1 mm，平截或 2 裂，秆生叶舌钝圆或 2 裂，长 1.5～2 mm，均具睫毛；叶片纵卷成线形，基生叶长达 40 cm，上面被疏柔毛，下面平滑；**花：**小穗灰绿或紫褐色；颖披针形，长 25～35 cm，先端细丝状尾尖，3～5 脉；外稃长 1.1～1.4 cm，先端关节被毛，背部具成纵行短毛，基盘长约 4 mm，密被柔毛，芒两回膝曲，无毛，边缘微粗糙，第一芒柱长 3～5 cm，扭转，第二芒柱长 1.5～2 cm，稍扭转，芒针长约 10 cm，卷曲；内稃具 2 脉；花药长约 5 mm。

花果期：6—10 月。

产地生境

国内产地：黑龙江、吉林、辽宁、内蒙古、甘肃、西藏、青海、陕西、山西、河北。

生境：山坡和草地。

无人机拍摄

机型：DJI Mini3 Pro；**飞行高度：**①②：1 m，③：2 m；**拍摄角度：**①：60°，②：45°，③：30°；**时间：**2022 年 8 月 11 日；**地点：**呼伦贝尔。

光谱曲线

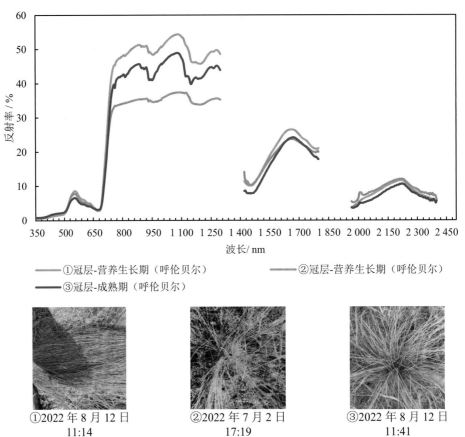

①冠层-营养生长期（呼伦贝尔）　②冠层-营养生长期（呼伦贝尔）

③冠层-成熟期（呼伦贝尔）

①2022 年 8 月 12 日 11:14　②2022 年 7 月 2 日 17:19　③2022 年 8 月 12 日 11:41

　　可见光-近红外（350～1 300 nm）：该谱段的反射特征受光的吸收和散射特征影响。可见光的反射特征主要反映了植物色素的吸收水平，茎叶中叶绿素含量较高，在蓝、红光体现了强吸收，在绿光体现出小的反射峰。近红外的反射特征主要反映了植物叶片、冠层的散射程度以及对于水分的吸收情况，在 700 nm 处反射率急剧上升形成"红边"现象，该物种的茎叶在 950 nm 和 1 150 nm 附近有水的窄吸收带，反射光谱曲线呈现波状起伏的特点。冠层（曲线①）采集镜头内茎叶较多，近红外光经多层茎叶的散射，多数变成反射光，形成高反射率。

　　短波红外（1 300～2 500 nm）：该谱段光谱反射特征主要受植物含水量强吸收的影响。三条曲线均是采集的冠层的光谱曲线，起伏特征差异不大。由于是野外采集，受大气水吸收带影响，1 400 nm 以及 1 900 nm 左右的两个波段范围的数据信噪比很低，未在图中显示。

20 短花针茅

Stipa breviflora Griseb. （禾本科 针茅属）

形态特征

株：高 20～60 cm，2～3 节；**叶：**小穗灰绿或浅褐色；颖窄披针形，等长或第一颖长 1～1.5 cm，先端渐尖，3 脉；**花：**外稃长 5.5～7 mm，5 脉，先端关节处生，圈短毛，背部具纵行毛，基盘长约 1 mm，密被柔毛，芒二回膝曲，扭转，全芒着生短于 1 mm 柔毛，第一芒柱长 1～1.6 cm，第二芒柱长 0.7～1 cm，芒针弧曲，长 3～6 cm；内稃与外稃近等长，具疏柔毛。

花果期：5—8 月。

产地生境

国内产地：内蒙古、宁夏、甘肃、新疆、西藏、青海、陕西、山西、河北、四川。

生境：石质山坡、干山坡或河谷阶地上。

无人机拍摄

机型：DJI Mini3 Pro；**飞行高度：**1 m；**拍摄角度：**45°；**时间：**2022 年 8 月 2 日；**地点：**鄂尔多斯。

光谱曲线

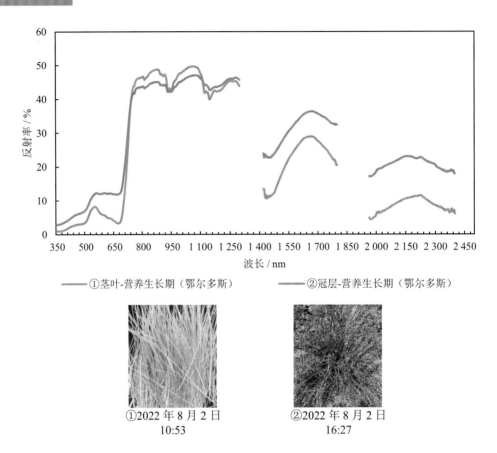

——①茎叶-营养生长期（鄂尔多斯）　　——②冠层-营养生长期（鄂尔多斯）

①2022 年 8 月 2 日　　②2022 年 8 月 2 日
　10:53　　　　　　　　　16:27

　　可见光-近红外（350～1 300 nm）：该谱段的反射特征受光的吸收和散射特征影响。可见光的反射特征主要反映了植物色素的吸收水平，茎叶中叶绿素含量较高，在蓝、红光体现了强吸收，在绿光体现出小的反射峰。近红外的反射特征主要反映了植物叶片、冠层的散射程度以及对于水分的吸收情况，在 700 nm 处反射率急剧上升形成"红边"现象，到达峰值时茎叶光谱曲线反射率均大于 40%，该物种的茎叶在 950 nm 和 1 150 nm 附近有水的窄吸收带，反射光谱曲线呈现波状起伏的特点。采集镜头内茎叶（曲线①）较多，近红外光经多层茎叶的散射，多数变成反射光，形成高反射率。

　　短波红外（1 300～2 500 nm）：该谱段光谱反射特征主要受植物含水量强吸收的影响。相比冠层（曲线②），茎叶的光谱曲线（曲线①）起伏特征更明显，光谱反射率更高。由于是野外采集，受大气水吸收带影响，1 400 nm 以及 1 900 nm 左右的两个波段范围的数据信噪比很低，未在图中显示。

21 大针茅   *Stipa grandis* P. Smirn. （禾本科 针茅属）

形态特征

　　株：高 0.5～1 m，3～4 节；**叶：**小穗淡绿或紫色；颖披针形，长 3～4.5 cm，先端丝状长尾尖，3～5 脉，第一颖略长；**花：**外稃长 1.5～1.7 cm，5 脉，顶生 1 圈短毛，背部具成纵行短毛，基盘长约 4 mm，被柔毛，芒二回膝曲，扭转，光滑或微粗糙，第一芒柱长 6～10 cm，第二芒柱长 2～2.5 cm，芒针长（10）12～18 cm，丝状卷曲；内稃与外稃等长，2 脉；花药长约 7 mm。

　　花果期：6—8 月。

产地生境

　　国内产地：黑龙江、吉林、辽宁、内蒙古、宁夏、甘肃、青海、陕西、山西、河北。

　　生境：广阔、平坦的波状高原上。

无人机拍摄

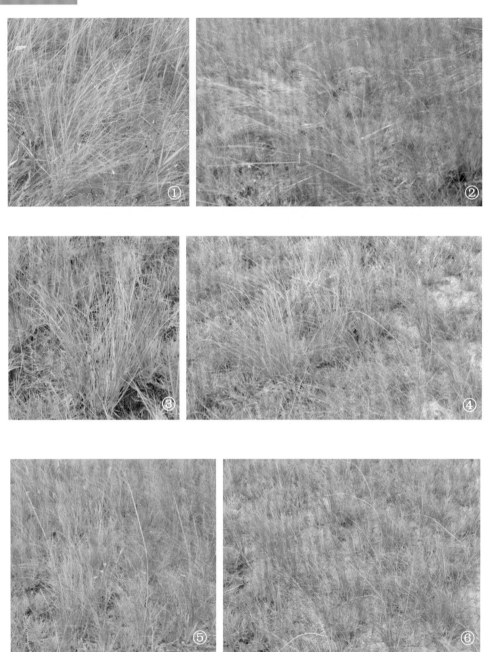

机型: DJI Mini3 Pro；飞行高度: 1 m；拍摄角度: 45°；时间: ①: 2022 年 7 月 6 日，②: 2022 年 8 月 7 日，③④⑤⑥: 2022 年 8 月 8 日；地点: 锡林浩特。

光谱曲线

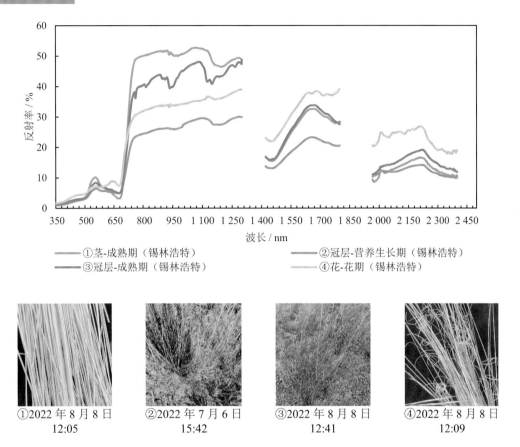

①2022 年 8 月 8 日 12:05

②2022 年 7 月 6 日 15:42

③2022 年 8 月 8 日 12:41

④2022 年 8 月 8 日 12:09

可见光-近红外（350～1 300 nm）：该谱段的反射特征受光的吸收和散射特征影响。可见光的反射特征主要反映了植物色素的吸收水平，相较于该物种的花（曲线④）而言，茎叶的叶绿素含量较高，在蓝、红光体现了强吸收，在绿光体现出小的反射峰。近红外的反射特征主要反映了植物叶片、冠层的散射程度以及对于水分的吸收情况，在 700 nm 处反射率急剧上升形成"红边"现象，该物种的茎叶在 950 nm 和 1 150 nm 附近有水的窄吸收带，反射光谱曲线呈现波状起伏的特点。采集镜头内的茎（曲线①）较多，近红外光经多层茎的散射，多数变成反射光，形成高反射率。

短波红外（1 300～2 500 nm）：该谱段光谱反射特征主要受植物含水量强吸收的影响。相比冠层（曲线②和曲线③）和茎叶（曲线①），花（曲线④）的光谱反射率较高。由于是野外采集，受大气水吸收带影响，1 400 nm 以及 1 900 nm 左右的两个波段范围的数据信噪比很低，未在图中显示。

22 羽茅 　　*Achnatherum sibiricum* (L.) Keng 　（禾本科 羽茅属）

形态特征

株：植株具鞘外分枝，基部有鳞芽；**茎：**秆疏丛生，高 0.5～1.5 m，平滑，3～4 节；**叶：**叶鞘无毛，叶舌长 0.5～2 mm，截平，先端齿裂；叶片扁平或边缘内卷，直立，长 20～60 cm，宽 3～7 mm，上面与边缘粗糙，下面平滑；**花：**圆锥花序长 10～30（60）cm，宽 2～3cm；分枝每节 3 至数枚，长 2～5 cm，具微毛；小穗草绿或紫色，长 0.8～1 cm；颖长圆状披针形，近等长，微粗糙，3 脉，脉上被刺毛；外稃长 6～7 mm，先端 2 微齿不明显，密被长 1～2 mm 柔毛，下被较短柔毛，3 脉，脉于先端汇合，基盘状，长约 1 mm，被毛，芒长 1.8～2.5 cm，一回或不明显二回膝曲，芒柱扭转被细微毛；内稃约等长于外稃，2 脉间被短毛；花药长约 4 mm，顶端具毫毛。

花果期：7—9 月。

产地生境

国内产地：黑龙江、河南、内蒙古、宁夏、青海、四川、新疆、西藏、云南。

生境：山坡草地、林缘及路旁。

无人机拍摄

机型：DJI Mini3 Pro；**飞行高度：**1 m；**拍摄角度：**45°；**时间：**①：2022 年 8 月 11 日，②③：2022 年 8 月 7 日；**地点：**①：呼伦贝尔，②③：锡林浩特。

光谱曲线

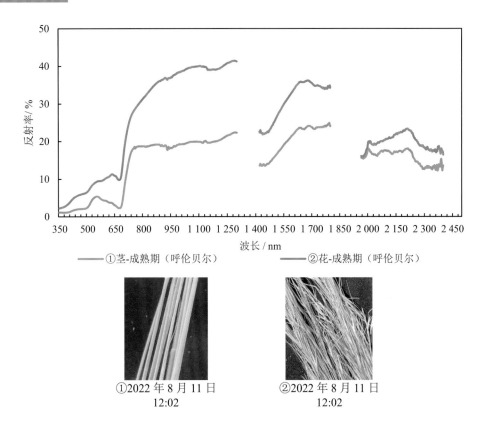

①2022 年 8 月 11 日
12:02

②2022 年 8 月 11 日
12:02

可见光-近红外（350～1 300 nm）：该谱段的反射特征受光的吸收和散射特征影响。可见光的反射特征主要反映了植物色素的吸收水平，相较于该物种的花（曲线②）而言，茎的叶绿素含量较高，在蓝、红光体现了强吸收，在绿光体现出小的反射峰。近红外的反射特征主要反映了植物叶片、冠层的散射程度以及对于水分的吸收情况，在 700 nm 处反射率急剧上升形成"红边"现象，该物种的茎叶和花在 950 nm 和 1 150 nm 附近有水的窄吸收带，反射光谱曲线呈现波状起伏的特点。采集镜头内的花（曲线②）较多，近红外光经多层结构的散射，多数变成反射光，形成高反射率。

短波红外（1 300～2 500 nm）：该谱段光谱反射特征主要受植物含水量强吸收的影响。相比于花（曲线②），该物种的茎（曲线①）光谱反射率更高。由于是野外采集，受大气水吸收带影响，1 400 nm 以及 1 900 nm 左右的两个波段范围的数据信噪比很低，未在图中显示。

23　肥披碱草

Elymus excelsus Turcz.（禾本科　披碱草属）

形态特征

株：高 1.4 m；**茎：**秆粗壮；**叶：**叶鞘无毛，有时下部叶鞘具柔毛；叶平展，长 20～30 cm，宽 1～1.6 cm，两面粗糙或下面平滑，常带粉绿色；**花：**穗状花序直立，粗壮，长 15～22 cm；穗轴边缘具纤毛，每节具 2～3（4）枚小穗；小穗长 1.2～1.5（2.5）cm（芒除外），具 4～5 小花；颖窄披针形，长 1～1.3 cm，具 5～7 粗糙的脉，先端芒长达 7 mm；外稃上部具 5 脉，背部无毛，粗糙，或先端和脉上及边缘被有微小短毛，第一外稃长 0.5～1.2 cm，先端芒粗糙，反曲，长 1.5～2（4）cm；内稃稍短于外稃，脊具纤毛，脊间被稀少短毛。

花果期：7—8 月。

产地生境

国内产地：甘肃、河北、黑龙江、河南、内蒙古、青海、陕西、山东、山西、四川、新疆、云南。

生境：山坡、草地和路旁。

24 羊草　　　　*Leymus chinensis* (Trin.) Tzvel. （禾本科 赖草属）

形态特征

　　株：高 40～90 cm，无毛，具 4～5 节；**根：**须根具沙套；**茎：**秆疏丛生或单生，高 40～90 cm，无毛，具 4～5 节；**叶：**叶鞘无毛；叶平展或内卷，长 7～18 cm，宽 3～6 mm，上面粗糙或被柔毛，下面无毛；**花：**穗状花序直立，长 7～15 cm，径 1～1.5 cm；穗轴边缘具微纤毛；小穗粉绿色，熟后黄色，2 枚生于穗轴一节，长 1～2.2 cm，具 5～10 小花；小穗轴节间长 1～1.5 mm，无毛；颖锥状，长 5～8 mm，具不显著 3 脉，上部粗糙，边缘微具纤毛；外稃披针形，无毛，5 脉，边缘窄膜质，先端渐尖或具芒状尖头，基盘无毛，第一外稃长 8～9 mm；内稃与外稃近等长，先端微 2 裂，脊上半部具微纤毛或近无毛；花药长 3～4 mm。

　　花果期：6—8 月。

产地生境

　　国内产地：甘肃、河北、黑龙江、河南、吉林、辽宁、内蒙古、青海、陕西、山东、山西、新疆。

　　生境：平原绿洲。

无人机拍摄

机型： DJI Mini3 Pro；**飞行高度：** ①②③④⑤⑥：1 m，⑦⑧：2 m；**拍摄角度：** 45°；**时间：** ①②：2022 年 8 月 7 日，③⑤⑥：2022 年 7 月 6 日，④：2022 年 8 月 8 日，⑦⑧：2022 年 8 月 11 日；**地点：** ①②③④⑤⑥：锡林浩特，⑦⑧：呼伦贝尔。

光谱曲线

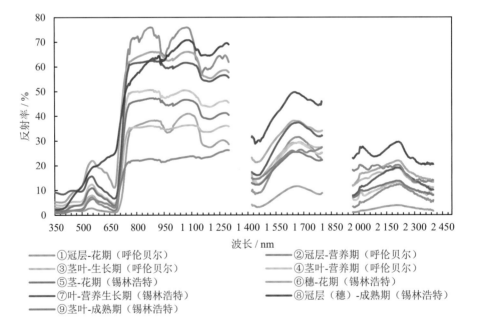

①冠层-花期（呼伦贝尔）　②冠层-营养期（呼伦贝尔）
③茎叶-生长期（呼伦贝尔）　④茎叶-营养期（呼伦贝尔）
⑤茎-花期（锡林浩特）　⑥穗-花期（锡林浩特）
⑦叶-营养生长期（锡林浩特）　⑧冠层（穗）-成熟期（锡林浩特）
⑨茎叶-成熟期（锡林浩特）

①2022 年 8 月 11 日　②2022 年 8 月 11 日　③2022 年 8 月 12 日
12:07　　　　　　　16:10　　　　　　　11:08

④2022 年 7 月 2 日　⑤2022 年 7 月 6 日　⑥2022 年 8 月 8 日
15:37　　　　　　　17:04　　　　　　　11:29

⑦2022 年 7 月 6 日　⑧2022 年 7 月 6 日　⑨2022 年 8 月 6 日
17:06　　　　　　　17:05　　　　　　　16:55

可见光-近红外（350～1 300 nm）：该谱段的反射特征受光的吸收和散射特征影响。可见光的反射特征主要反映了植物色素的吸收水平，相较于该物种成熟期的穗（曲线⑨）而言，其他器官的叶绿素含量较高，在蓝、红光体现了强吸收，在绿光体现出小的反射峰。近红外的反射特征主要反映了植物叶片、冠层的散射程度以及对于水分的吸收情况，在 700 nm 处反射率急剧上升形成"红边"现象，该物种的茎叶、穗和冠层在 950 nm 和 1 150 nm 附近有水的窄吸收带，反射光谱曲线呈现波状起伏的特点。

短波红外（1 300～2 500 nm）：该谱段光谱反射特征主要受植物含水量强吸收的影响。成熟期的穗（曲线⑨）相比于其他器官光谱反射率较高。由于是野外采集，受大气水吸收带影响，1 400 nm 以及 1 900 nm 左右的两个波段范围的数据信噪比很低，未在图中显示。

25　冰草　　*Agropyron cristatum* (L.) Gaertn.（禾本科 冰草属）

形态特征

株：高 15～75 cm，上部被柔毛；**茎：**秆丛生，上部被柔毛；**叶：**叶鞘粗糙或边缘微具毛，叶舌长 0.5～1 mm；叶片内卷，长 4～20 cm，宽 2～5 mm，上面叶脉隆起并密被小硬毛；**花：**穗状花序长圆形或两端稍窄，长 2～7 cm，宽 0.8～1.5 cm；穗轴节间长 0.5～1 mm；小穗紧密排成两行，篦齿状，长 6～9（12）mm，具（3）5～7 小花；颖舟形，背部被长柔毛，或粗糙，稍无毛，第一颖长 2～4 mm；第二颖长 3～4.5 mm，具稍短或稍长于颖的芒；外稃被长柔毛，边缘窄膜质，被刺毛，第一外稃长 4.5～6 mm，芒长 2～4 mm；内稃与外稃近等长，脊具刺毛。

花果期：7—9 月。

产地生境

国内产地：甘肃、河北、黑龙江、内蒙古、宁夏、青海、新疆。
生境：干燥草地、山坡、丘陵以及沙地。

无人机拍摄

机型：DJI Mini3 Pro；飞行高度：①②③④：1 m，⑤：2 m；拍摄角度：45°；时间：①③④：2022 年 7 月 6 日，②：2022 年 8 月 8 日，⑤：2022 年 8 月 11 日；地点：①②③④：锡林浩特，⑤：呼伦贝尔。

光谱曲线

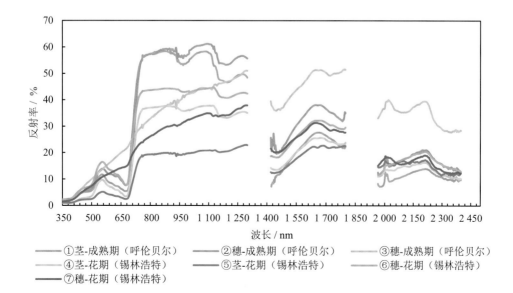

①茎-成熟期（呼伦贝尔）　②穗-成熟期（呼伦贝尔）　③穗-成熟期（呼伦贝尔）
④茎-花期（锡林浩特）　⑤茎-花期（锡林浩特）　⑥穗-花期（锡林浩特）
⑦穗-花期（锡林浩特）

①2022 年 7 月 2 日
18:13

②2022 年 7 月 2 日
18:16

③2022 年 8 月 11 日
16:50

④2022 年 7 月 6 日
16:48

⑤2022 年 8 月 8 日
11:12

⑥2022 年 7 月 6 日
16:48

⑦2022 年 8 月 8 日
11:10

可见光-近红外（350～1 300 nm）：该谱段的反射特征受光的吸收和散射特征影响。可见光的反射特征主要反映了植物色素的吸收水平，相较于该物种较为成熟的穗（曲线③和曲线⑦）而言，其他器官的叶绿素含量较高，在蓝、红光体现了强吸收，在绿光体现出小的反射峰。近红外的反射特征主要反映了植物叶片、冠层的散射程度以及对于水分的吸收情况，在 700 nm 处反射率急剧上升形成"红边"现象，该物种的茎和穗在 950 nm 和 1 150 nm 附近有水的窄吸收带，反射光谱曲线呈现波状起伏的特点。

短波红外（1 300～2 500 nm）：该谱段光谱反射特征主要受植物含水量强吸收的影响。相较于茎叶，穗（曲线②、曲线③、曲线⑥和曲线⑦）的光谱反射率较高。由于是野外采集，受大气水吸收带影响，1 400 nm 以及 1 900 nm 左右的两个波段范围的数据信噪比很低，未在图中显示。

26 拂子茅 *Calamagrostis epigeios* (L.) Roth（禾本科 拂子茅属）

形态特征

　　株： 秆直立，平滑无毛或花序下稍粗糙，高 45～100 cm，径 2～3 mm；**根：** 具根状茎；**叶：** 叶鞘平滑或稍粗糙，短于或基部长于节间；叶舌膜质，长 5～9 mm，长圆形，先端易破裂；叶片长 15～27 cm，扁平或边缘内卷，上面及边缘粗糙，下面较平滑；**花：** 圆锥花序紧密，圆筒形，劲直、具间断，分枝粗糙，直立或斜向上升；小穗长 5～7 mm，淡绿色或带淡紫色；两颖近等长或第二颖微短，先端渐尖，具 1 脉，第二颖具 3 脉，主脉粗糙；外稃透明膜质，长约为颖之半，顶端具 2 齿，基盘的柔毛几与颖等长，芒自稃体背中部附近伸出，细直；内稃长约为外稃 2/3，顶端细齿裂；小穗轴不延伸于内稃之后，或有时仅于内稃之基部残留 1 微小的痕迹；雄蕊 3，花药黄色，长约 1.5 mm。

　　花果期： 5—9 月。

产地生境

　　国内产地： 全国各地均有分布。

　　生境： 生于潮湿地及河岸沟渠旁。

27 洽草　　　　*Koeleria macrantha* (Ledeb.) Schult.（禾本科 洽草属）

形态特征

茎：秆直立，具2～3节，高25～60 cm，在花序下密生绒毛；**叶：**叶鞘灰白色或淡黄色，无毛或被短柔毛，枯萎叶鞘多撕裂残存于秆基；叶舌膜质，截平或边缘呈细齿状；叶片灰绿色，线形，常内卷或扁平，被短柔毛或上面无毛，上部叶近于无毛，边缘粗糙；**花：**圆锥花序穗状，下部间断，有光泽，草绿色或黄褐色，主轴及分枝均被柔毛；小穗长4～5 mm，含2～3小花，小穗轴被微毛或近于无毛，长约1 mm；颖倒卵状长圆形至长圆状披针形，先端尖，边缘宽膜质，脊上粗糙，第一颖具1脉，长2.5～3.5 mm，第二颖具3脉，长3～4.5 mm；外稃披针形，先端尖，具3脉，边缘膜质，背部无芒，稀顶端具长约0.3 mm之小尖头，基盘钝圆，具微毛，第一外稃长约4 mm；内稃膜质，稍短于外稃，先端2裂，脊上光滑或微粗糙；花药长1.5～2 mm。

花果期：5—9月。

产地生境

国内产地：安徽、福建、河北、黑龙江、河南、湖北、内蒙古、宁夏、青海、陕西、山东、四川、新疆、西藏、浙江。

生境：草坡和林下。

光谱曲线

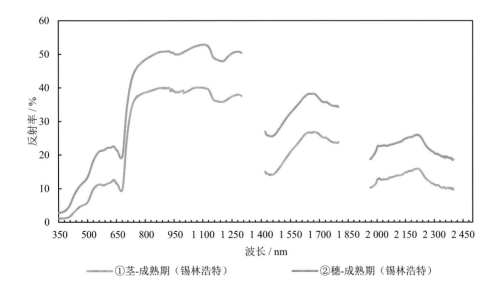

①茎-成熟期（锡林浩特）　　②穗-成熟期（锡林浩特）

 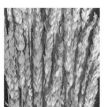

①2022 年 7 月 6 日
16:53

②2022 年 7 月 6 日
16:53

可见光-近红外（350～1 300 nm）：该谱段的反射特征受光的吸收和散射特征影响。可见光的反射特征主要反映了植物色素的吸收水平，该物种成熟期的茎叶和穗呈现黄色，叶绿素含量较低，在绿光体现出小的反射峰。近红外的反射特征主要反映了植物叶片、冠层的散射程度以及对于水分的吸收情况，在 700 nm 处反射率急剧上升形成"红边"现象，到达峰值时茎叶光谱曲线反射率均大于 40%，该物种的茎叶和花在 950 nm 和 1 150 nm 附近有水的窄吸收带，反射光谱曲线呈现波状起伏的特点。采集镜头内成熟期的穗（曲线②）较多，近红外光经多层结构的散射，多数变成反射光，形成高反射率。

短波红外（1 300～2 500 nm）：该谱段光谱反射特征主要受植物含水量强吸收的影响。相较于茎叶（曲线①），穗（曲线②）的光谱反射率较高。由于是野外采集，受大气水吸收带影响，1 400 nm 以及 1 900 nm 左右的两个波段范围的数据信噪比很低，未在图中显示。

28 硬质早熟禾

Poa sphondylodes Trin.（禾本科 早熟禾属）

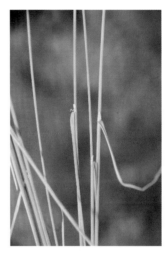

形态特征

株：高 30～60 cm，3～4 节，顶节位于中部以下，上部裸露，紧接花序以下和节下均多少糙涩；**叶：**叶鞘基部带淡紫色，顶生者长 4～8 cm；叶舌长约 4 mm，先端尖；叶片长 3～7 cm，宽 1 mm，稍粗糙；**花：**圆锥花序稠密，长 3～10 cm，宽约 1 cm；分枝长 1～2 cm，4～5 枚着生主轴，粗糙，小穗柄短于小穗，侧枝基部着生小穗；小穗绿色，熟后草黄色，长 5～7 mm，具 4～6 小花；颖具 3 脉，先端锐尖，硬纸质，稍粗糙，长 2.5～3 mm，第一颖稍短于第二颖；外稃坚纸质，5 脉，间脉不明显，先端极窄膜质下带黄铜色，脊下部 2/3 和边脉下部 1/2 具长柔毛，基盘具中量绵毛，第一外稃长约 3 mm；内稃等长或稍长于外稃，脊粗糙具微细纤毛，先端稍凹；**果：**颖果长约 2 mm。

花果期：6—8 月。

产地生境

国内产地：黑龙江、吉林、辽宁、内蒙古、山西、河北、山东、江苏。

生境：山坡草原干燥沙地。

29 九顶草　　*Enneapogon desvauxii* P. Beauv.　（禾本科 九顶草属）

形态特征

株：高 5～35 cm，被柔毛；**叶：**叶鞘多短于节间，密被短柔毛，鞘内常有分枝；叶舌极短，顶端具纤毛；叶片长 2～12 cm，宽 1～3 mm，多内卷，密生短柔毛，基生叶呈刺毛状；**花：**圆锥花序短穗状，紧缩呈圆柱形，长（1）1.5～3.5 cm，宽 6～11 mm，铅灰色或成熟后呈草黄色；小穗通常含 2～3 小花，顶端小花明显退化，小穗轴节间无毛；颖质薄，边缘膜质，披针形，先端尖，背部被短柔毛，具 3～5 脉，中脉形成脊，第一颖长 3～3.5 mm，第二颖长 4～5 mm；第一外稃长 2～2.5 mm，被柔毛，尤以边缘更显，基盘也被柔毛，顶端具 9 条直立羽毛状芒，芒略不等长，长 2～4 mm；内稃与外稃等长或稍长，脊上具纤毛；花药长 0.5 mm。

花果期：8—11 月。

产地生境

国内产地：辽宁、内蒙古、宁夏、新疆、青海、山西、河北、安徽。

生境： 干燥山坡及草地。

光谱曲线

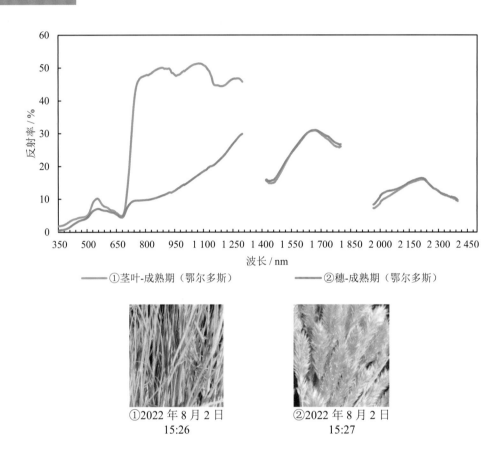

①2022 年 8 月 2 日
15:26

②2022 年 8 月 2 日
15:27

可见光-近红外（350～1 300 nm）：该谱段的反射特征受光的吸收和散射特征影响。可见光的反射特征主要反映了植物色素的吸收水平，该物种茎叶和穗呈现绿色，叶绿素含量较高，在绿光处均体现出小的反射峰。近红外的反射特征主要反映了植物叶片、冠层的散射程度以及对于水分的吸收情况，在 700 nm 处反射率急剧上升形成"红边"现象，该物种的茎叶（曲线①）在 950 nm 和 1 150 nm 附近有水的窄吸收带，反射光谱曲线呈现波状起伏的特点，穗（曲线②）对水的吸收较弱，因此仅呈现小的吸收谷。对于茎叶（曲线①），近红外光经叶片细胞的反射、折射作用，形成较高的反射率。

短波红外（1 300～2 500 nm）：该谱段光谱反射特征主要受植物含水量强吸收的影响。该物种成熟期的茎叶和穗光谱曲线起伏特征差异不大。由于是野外采集，受大气水吸收带影响，1 400 nm 以及 1 900 nm 左右的两个波段范围的数据信噪比很低，未在图中显示。

30 画眉草   *Eragrostis pilosa* (L.) Beauv. （禾本科 画眉草属）

形态特征

茎: 秆高 15～60 cm, 径 1.5～2.5 mm, 4 节; **叶:** 叶鞘扁, 疏散包茎, 鞘缘近膜质, 鞘口有长柔毛, 叶舌为一圈纤毛, 长约 0.5 mm; 叶无毛, 线形扁平或卷缩, 长 6～20 cm, 宽 2～3 mm; **花:** 圆锥花序开展或紧缩, 长 10～25 cm, 宽 2～10 cm; 分枝单生、簇生或轮生, 上举, 腋间有长柔毛; 小穗长 0.3～1 cm, 宽 1～1.5 mm, 有 4～14 小花; 颖膜质, 披针形, 第一颖长约 1 mm, 无脉, 第二颖长约 1.5 mm, 1 脉; 外稃宽卵形, 先端尖, 第一外稃长约 1.8 mm; 内稃迟落或宿存, 长约 1.5 mm, 稍弓形弯曲, 脊有纤毛; 雄蕊 3, 花药长约 0.3 mm; **果:** 颖果长圆形, 长约 0.8 mm。

花果期: 8—11 月。

产地生境

国内产地: 全国各地均有分布。

生境: 荒芜田野草地上。

31 虎尾草 　　　　　*Chloris virgata* Sw. （禾本科 虎尾草属）

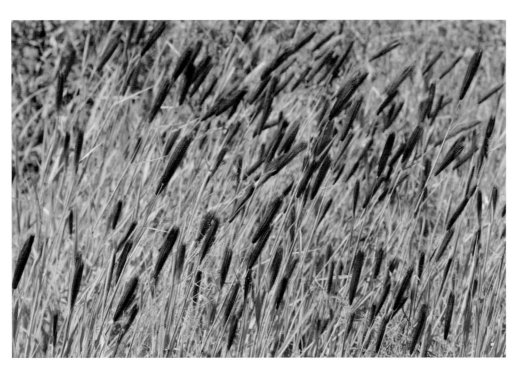

形态特征

茎：秆无毛，直立或基部膝曲，高 12～75 cm，径 1～4 mm；叶：叶鞘松散包秆，无毛，叶舌长约 1 mm，无毛或具纤毛；叶线形，长 3～25 cm，宽 3～6 mm，两面无毛或边缘及上面粗糙；花：秆顶穗状花序 5～10 余枚，穗状花序长 1.5～5 cm；小穗成熟后紫色，无柄，长约 3 mm；颖膜质，1 脉，第一颖长约 1.8 mm，第二颖等长或略短于小穗，主脉延伸成 0.5～1 mm 小尖头；第一小花两性，倒卵状披针形，长 2.8～3 mm，外稃纸质，沿脉及边缘疏生柔毛或无毛，先端尖或 2 微裂，芒自顶端稍下方伸出，长 0.5～1.5 cm，基盘具长约 0.5 mm 的毛；内稃膜质，稍短于外稃，脊被微毛；第二小花不孕，长楔形，长约 1.5 mm，先端平截或微凹，芒长 4～8 mm，自背上部一侧伸出；果：颖果淡黄色，纺锤形，无毛而半透明；胚长约为颖果 2/3。

花果期：6—10 月。

产地生境

国内产地：全国各地均有分布。

生境：多路旁荒野，河岸沙地、土墙及房顶上。

光谱曲线

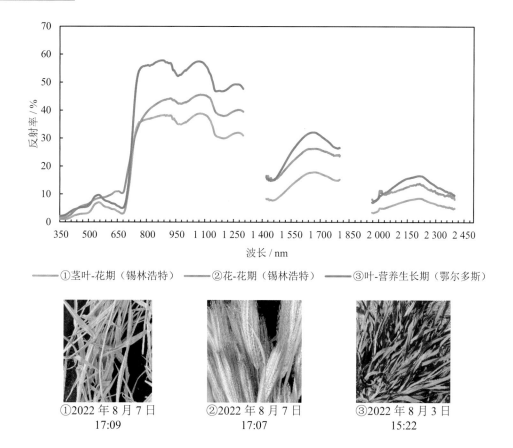

— ①茎叶-花期（锡林浩特）　— ②花-花期（锡林浩特）　— ③叶-营养生长期（鄂尔多斯）

①2022年8月7日
17:09

②2022年8月7日
17:07

③2022年8月3日
15:22

可见光-近红外（350～1 300 nm）：该谱段的反射特征受光的吸收和散射特征影响。可见光的反射特征主要反映了植物色素的吸收水平，相较于该物种的花（曲线②）而言，叶、茎（曲线①和曲线③）的叶绿素含量较高，在蓝、红光体现了强吸收，在绿光体现出小的反射峰。近红外的反射特征主要反映了植物叶片、冠层的散射程度以及对于水分的吸收情况，在700 nm处反射率急剧上升形成"红边"现象，该物种的茎、叶和花在950 nm和1 150 nm附近有水的窄吸收带，反射光谱曲线呈现波状起伏的特点。

短波红外（1 300～2 500 nm）：该谱段光谱反射特征主要受植物含水量强吸收的影响。相比花期的茎叶（曲线①）和花（曲线②），营养生长期时叶的光谱曲线（曲线③）起伏特征更明显。由于是野外采集，受大气水吸收带影响，1 400 nm以及1 900 nm左右的两个波段范围的数据信噪比很低，未在图中显示。

32 锋芒草　　　*Tragus mongolorum* Ohwi　（禾本科 锋芒草属）

形态特征

　　株： 高 15～25 cm；**根：** 须根细弱；**茎：** 秆丛生，基部常膝曲卧伏，高 15～25 cm；**叶：** 叶鞘短于节间，无毛，叶舌纤毛状；叶长 3～8 cm，宽 2～4 mm，边缘软骨质，疏生小刺毛；**花：** 花序穗状，长 3～6 cm，宽约 8 mm；小穗长 4～4.5 mm，通常 3 个簇生，1个退化，或残存为柄状；第一颖退化或极微小，薄膜质，第二颖革质，背部有 5（7）肋，肋具钩刺，先端具伸出刺外的小尖头；外稃膜质，长约 3 mm，具 3 条不明显脉；内稃较外稃稍短，脉不明显；**果：** 颖果成熟时棕褐色，稍扁，长 2～3 mm。

花果期：7—9 月。

产地生境

国内产地：河北、山西、内蒙古、宁夏、甘肃、青海、四川、云南。

生境：荒野、路旁、丘陵和山坡草地中。

无人机拍摄

机型：DJI Mini3 Pro；飞行高度：1 m；拍摄角度：45°；时间：2022 年 8 月 2 日；地点：鄂尔多斯。

光谱曲线

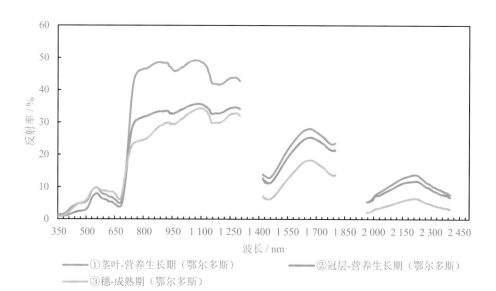

①2022 年 8 月 2 日　　②2022 年 8 月 2 日　　③2022 年 8 月 2 日
　　14:14　　　　　　　　16:11　　　　　　　　14:14

可见光-近红外（350～1 300 nm）：该谱段的反射特征受光的吸收和散射特征影响。可见光的反射特征主要反映了植物色素的吸收水平，该物种茎叶和穗的叶绿素含量较高，在蓝、红光体现了强吸收，在绿光体现出小的反射峰。近红外的反射特征主要反映了植物叶片、冠层的散射程度以及对于水分的吸收情况，在 700 nm 处反射率急剧上升形成"红边"现象，该物种在 950 nm 和 1 150 nm 附近有水的窄吸收带，反射光谱曲线呈现波状起伏的特点，对于茎叶和冠层（曲线①和曲线②），近红外光经叶片细胞的反射、折射作用，形成较高的反射率。

短波红外（1 300～2 500 nm）：该谱段光谱反射特征主要受植物含水量强吸收的影响。相比其他器官，茎叶的光谱曲线（曲线①）起伏特征更明显。由于是野外采集，受大气水吸收带影响，1 400 nm 以及 1 900 nm 左右的两个波段范围的数据信噪比很低，未在图中显示。

33 无芒隐子草 *Cleistogenes songorica* (Roshev.) Ohwi（禾本科 隐子草属）

形态特征

株：高 15～50 cm，基部具密集枯叶鞘；**叶：**叶鞘长于节间，无毛，鞘口有长柔毛；叶舌长 0.5 mm，具短纤毛；叶片线形，长 2～6 cm，宽 1.5～2.5 mm，上面粗糙，扁平或边缘稍内卷；**花：**圆锥花序开展，长 2～8 cm，宽 4～7 mm，分枝开展或稍斜上，分枝腋间具柔毛；小穗长 4～8 mm，含 3～6 小花，绿色或带紫色；颖卵状披针形，近膜质，先端尖，具 1 脉，第一颖长 2～3 mm，第二颖长 3～4 mm；外稃卵状披针形，边缘膜质，第一外稃长 3～4 mm，5 脉，先端无芒或具短尖头；内稃短于外稃，脊具长纤毛；花药黄色或紫色，长 1.2～1.6 mm；**果：**颖果长约 1.5 mm。

花果期：7—9 月。

产地生境

国内产地：内蒙古、宁夏、甘肃、新疆、陕西。

生境： 干旱草原、荒漠或半荒漠沙质地。

光谱曲线

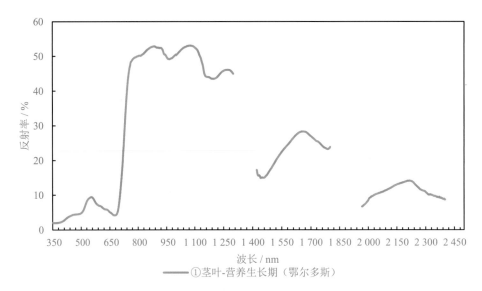

——①茎叶-营养生长期（鄂尔多斯）

①2022 年 8 月 3 日
15:21

可见光-近红外（350～1 300 nm）：该谱段的反射特征受光的吸收和散射特征影响。可见光的反射特征主要反映了植物色素的吸收水平，在 550 nm 处是叶绿素的强反射区，光谱反射率有一处波峰。近红外的反射特征主要反映了植物叶片、冠层的散射程度以及对于水分的吸收情况，在 700 nm 处反射率急剧上升形成"红边"现象，到达峰值时茎叶光谱曲线反射率大于 50%，该物种的茎叶在 950 nm 和 1 150 nm 附近有水的窄吸收带，反射光谱曲线呈现波状起伏的特点。

短波红外（1 300～2 500 nm）：该谱段光谱反射特征主要受植物含水量强吸收的影响。由于是野外采集，受大气水吸收带影响，1 400 nm 以及 1 900 nm 左右的两个波段范围的数据信噪比很低，未在图中显示。

34 糙隐子草 *Cleistogenes squarrosa* (Trin.) Keng （禾本科 隐子草属）

形态特征

株：高 10～30 cm，具多节，干后常呈蜿蜒状或廻旋状弯曲，植株绿色，秋季经霜后常变成紫红色；**叶：**叶鞘多长于节间，无毛，层层包裹直达花序基部；叶舌具短纤毛；叶片线形，扁平或内卷，粗糙；圆锥花序狭窄；小穗长 5～7 mm，含 2～3 小花，绿色或带紫色；颖具 1 脉，边缘膜质；外稃披针形，具 5 脉，第一外稃长 5～6 mm；先端常具较稃体为短或近等长的芒；花药长约 2 mm。

花果期：7—9 月。

产地生境

国内产地：黑龙江、吉林、辽宁、内蒙古、宁夏、甘肃、新疆、河北、山西、陕西、山东。

生境：多干旱草原、丘陵坡地、沙地，固定或半固定沙丘、山坡处。

无人机拍摄

机型：DJI Mini3 Pro；**飞行高度：**1 m；**拍摄角度：**45°；**时间：**①：2022 年 8 月 8 日，②：2022 年 8 月 7 日；**地点：**锡林浩特。

光谱曲线

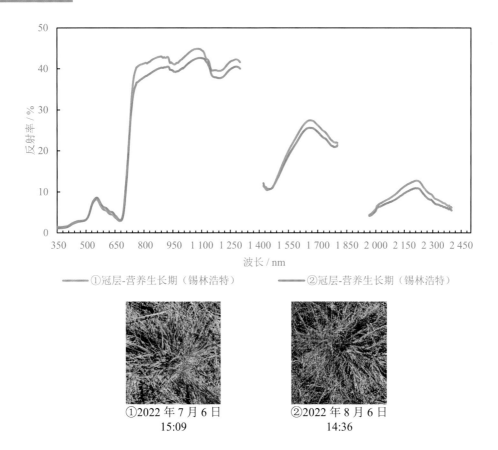

①冠层-营养生长期（锡林浩特）　②冠层-营养生长期（锡林浩特）

①2022 年 7 月 6 日　　②2022 年 8 月 6 日
15:09　　　　　　　　14:36

可见光-近红外（350～1 300 nm）：该谱段的反射特征受光的吸收和散射特征影响。可见光的反射特征主要反映了植物色素的吸收水平，在 550 nm 处是叶绿素的强反射区，光谱反射率有一处波峰。近红外的反射特征主要反映了植物叶片、冠层的散射程度以及对于水分的吸收情况，在 700 nm 处反射率急剧上升形成"红边"现象，该物种的茎叶在 950 nm 和 1 150 nm 附近有水的窄吸收带，反射光谱曲线呈现波状起伏的特点。

短波红外（1 300～2 500 nm）：该谱段光谱反射特征主要受植物含水量强吸收的影响。两条均是采集营养生长期的冠层的光谱曲线，起伏特征差异不大。由于是野外采集，受大气水吸收带影响，1 400 nm 以及 1 900 nm 左右的两个波段范围的数据信噪比很低，未在图中显示。

35 白草

Pennisetum flaccidum Grisebach （禾本科 狼尾草属）

形态特征

株：高 20～90 cm；**根：**具横走根茎；**茎：**秆直立，单生或丛生；**叶：**叶鞘疏松包茎，近无毛，基部者密集近跨生，上部短于节间；叶舌短，具长 1～2 mm 的纤毛；叶片狭线形，长 10～25 cm，宽 5～8（1）mm，两面无毛；圆锥花序紧密，直立或稍弯曲，长 5～15 cm，宽约 10 mm；主轴具棱角，无毛或罕疏生短毛，残留在主轴上的总梗长 0.5～1 mm；刚毛柔软，细弱，微粗糙，长 8～15 mm，灰绿色或紫色；**花：**小穗通常单生，卵状披针形，长 3～8 mm；第一颖微小，先端钝圆、锐尖或齿裂，脉不明显；第二颖长为小穗的 1/3～3/4，先端芒尖，具 1～3 脉；第一小花雄性，罕或中性，第一外稃与小穗等长，厚膜质，先端芒尖，具 3～5（7）脉，第一内稃透明，膜质或退化；第二小花两性，第二外稃具 5 脉，先端芒尖，与其内稃同为纸质；鳞被 2，楔形，先端微凹；雄蕊 3，花药顶端无毫毛；花柱近基部联合；颖果长圆形，长约 2.5 mm。

花果期：7—10 月。

产地生境

国内产地：黑龙江、吉林、辽宁、内蒙古、河北、山西、陕西、甘肃、青海、四川、云南、西藏。

生境：山坡、路旁及水沟边。

光谱曲线

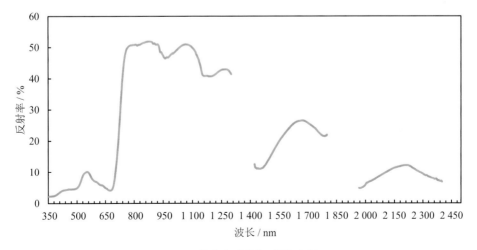

——①茎叶-成熟期（鄂尔多斯）

①2022 年 8 月 3 日
15:49

可见光-近红外（350～1 300 nm）：该谱段的反射特征受光的吸收和散射特征影响。可见光的反射特征主要反映了植物色素的吸收水平，550 nm 处是叶绿素的强反射峰区，故此波段的反射光谱曲线具有波峰的形态。近红外的反射特征主要反映了植物叶片、冠层的散射程度以及对于水分的吸收情况，在 700 nm 处反射率急剧上升形成"红边"现象，到达峰值时茎叶光谱曲线反射率大于 50%，该物种的茎叶在 950 nm 和 1 150 nm 附近有水的窄吸收带，反射光谱曲线呈现波状起伏的特点。

短波红外（1 300～2 500 nm）：该谱段光谱反射特征主要受植物含水量强吸收的影响。由于是野外采集，受大气水吸收带影响，1 400 nm 以及 1 900 nm 左右的两个波段范围的数据信噪比很低，未在图中显示。

36 芨芨草 *Neotrinia splendens* (Trin.) M.Nobis, P.D.Gudkova & A.Nowak

（禾本科 芨芨草属）

形态特征

　　株：高 0.5～2.5 m；**茎：**秆具白色髓，高 0.5～2.5 m，径 3～5 mm，2～3 节，无毛；**叶：**叶鞘无毛，具膜质边缘，叶舌披针形，长 0.5～1（1.7）cm；叶片纵卷，坚韧，长 30～60 cm，宽 5～6 mm，上面粗糙，下面无毛；**花：**圆锥花序开展，长 30～60 cm；分枝每节 2～6 枚，长 8～17 cm；小穗灰绿色，基部带紫褐色，成熟后常呈黄色；颖披针形，第一颖长 4～5 mm，第二颖长 6～7 mm，均具 3 脉；外稃长 4～5 mm，先端 2 微齿裂，背部密被柔毛，5 脉，基盘钝圆，长约 0.5 mm，被柔毛，芒长 0.5～1.2 cm，直立或微弯，不扭转，粗糙，基部具关节，早落；内稃长 3～4 mm；花药长 2.5～3.5 mm，顶端具毫毛。

　　花果期：6—9 月。

产地生境

　　国内产地：甘肃、黑龙江、河南、内蒙古、宁夏、青海、山西、四川、新疆、西藏、云南。

　　生境：微碱性的草滩及沙土山坡上。

光谱曲线

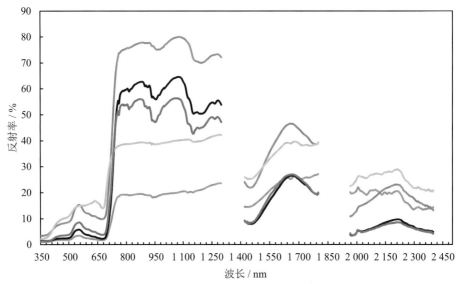

①茎叶-成熟期（锡林浩特）　　　　②冠层-营养生长期（锡林浩特）
③冠层-成熟期（锡林浩特）　　　　④花-成熟期（锡林浩特）
⑤冠层-营养生长期（鄂尔多斯）

①2022 年 8 月 8 日 12:18　　②2022 年 7 月 6 日 16:27　　③2022 年 8 月 8 日 12:38　　④2022 年 8 月 8 日 12:24

⑤2022 年 8 月 2 日
16:37

可见光-近红外（350～1 300 nm）：该谱段的反射特征受光的吸收和散射特征影响。可见光的反射特征主要反映了植物色素的吸收水平，相较于该物种的穗（曲线④），茎叶和冠层的叶绿素含量较高，在蓝、红光体现了强吸收，在绿光体现出小的反射峰。近红外的反射特征主要反映了植物叶片、冠层的散射程度以及对于水分的吸收情况，在 700 nm 处反射率急剧上升形成"红边"现象，该物种在 950 nm 和 1 150 nm 附近有水的窄吸收带，反射光谱曲线呈现波状起伏的特点。对于冠层（曲线②、曲线③和曲线⑤），近红外光经多层叶片的散射，多数变成反射光，形成高反射率，这也是冠层在该谱段的反射率明显高于茎叶和花的主要原因。

短波红外（1 300～2 500 nm）：该谱段光谱反射特征主要受植物含水量强吸收的影响。相比其他器官，冠层的光谱曲线（曲线②、曲线③和曲线⑤）起伏特征更明显。由于是野外采集，受大气水吸收带影响，1 400 nm 以及 1 900 nm 左右的两个波段范围的数据信噪比很低，未在图中显示。

七、毛茛科 Ranunculaceae

37 瓣蕊唐松草 *Thalictrum petaloideum* L. （毛茛科 唐松草属）

形态特征

　　株：植株无毛；**茎：**高 80 cm；**叶：**基生叶数个，三至四回三出或羽状复叶；小叶草质，倒卵形、宽倒卵形、窄椭圆形、菱形或近圆形，长 0.3～1.2 cm，宽达 1.5 cm，3 裂或不裂，全缘，脉平；叶柄长达 10 cm；**花：**花序伞房状，具多花或少花；萼片 4，白色，早落，卵形，长 3～5 mm；雄蕊多数，花丝上部倒披针形，下部丝状；心皮 4～13，无柄，花柱明显，腹面具柱头；**果：**瘦果窄椭圆形，稍扁，长 4～6 mm，宿存花柱长 1 mm。

　　花期：6—7 月。

产地生境

　　国内产地：安徽东部、甘肃、河北、河南西部、黑龙江、湖北、吉林、辽宁、内蒙古、宁夏、青海东部、陕西、山东、山西、四川西北部、浙江。

　　生境：山坡草地。

无人机拍摄

　　机型：DJI Mini3 Pro；**飞行高度：**1 m；**拍摄角度：**45°；**时间：**2022 年 7 月 6 日；**地点：**锡林浩特。

光谱曲线

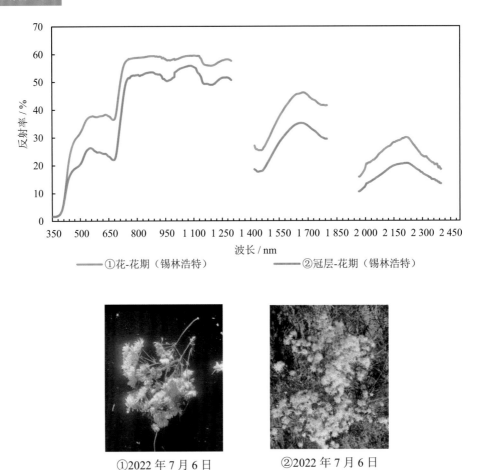

①花-花期（锡林浩特）　　　　　②冠层-花期（锡林浩特）

①2022 年 7 月 6 日
17:12

②2022 年 7 月 6 日
15:38

可见光-近红外（350～1 300 nm）：该谱段的反射特征受光的吸收和散射特征影响。可见光的反射特征主要反映了植物色素的吸收水平，采集镜头内有少量绿色部分，因此在 550 nm 处呈现出小的反射峰。近红外的反射特征主要反映了植物叶片、冠层的散射程度以及对于水分的吸收情况，在 700 nm 处反射率急剧上升形成"红边"现象，到达峰值时茎叶光谱曲线反射率大于 50%，该物种的花在 950 nm 和 1 150 nm 附近有水的窄吸收带，反射光谱曲线呈现波状起伏的特点。

短波红外（1 300～2 500 nm）：该谱段光谱反射特征主要受植物含水量强吸收的影响。相比花期的冠层（曲线②），花（曲线①）的光谱反射率更高。由于是野外采集，受大气水吸收带影响，1 400 nm 以及 1 900 nm 左右的两个波段范围的数据信噪比很低，未在图中显示。

38 展枝唐松草 *Thalictrum squarrosum* Stephan ex Willd.（毛茛科 唐松草属）

形态特征

　　株：植株无毛；高 1 m；**茎：**茎中部以上近二歧状分枝；**叶：**茎下部及中部叶柄短，二至三回羽状复叶；小叶坚纸质或薄革质，楔状倒卵形、宽倒卵形、长圆形或圆卵形，常 3 浅裂或疏生齿，下面被白粉，脉平或下面稍隆起；**花：**圆锥花序伞房状，近二歧状分枝；花梗长 1.5～3 cm；萼片 4，淡黄绿色，脱落，长 3 mm；雄蕊 5～14，花丝丝状，花药长圆形，具小尖头；心皮 1～3（5），柱头三角形，具宽翅；**果：**瘦果近纺锤形，稍斜，长 4～5.2 mm，宿存柱头长 1.6 mm。

　　花期：7—8 月。

产地生境

　　国内产地：陕西、山西、河北、内蒙古、辽宁、吉林、黑龙江。

　　生境：平原草地、田边或干燥草坡。

无人机拍摄

　　机型：DJI Mini3 Pro；**飞行高度：**①②④：1 m，③：2 m；**拍摄角度：**①④：45°，②③：60°；**时间：**①②③：2022 年 8 月 11 日，④：2022 年 7 月 6 日；**地点：**①②③：呼伦贝尔，④：锡林浩特。

光谱曲线

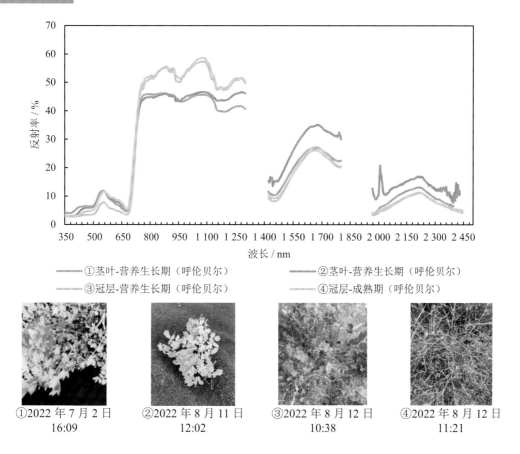

①2022 年 7 月 2 日 16:09
②2022 年 8 月 11 日 12:02
③2022 年 8 月 12 日 10:38
④2022 年 8 月 12 日 11:21

可见光-近红外（350～1 300 nm）：该谱段的反射特征受光的吸收和散射特征影响。可见光的反射特征主要反映了植物色素的吸收水平，550 nm 处是叶绿素的强反射峰区，故此波段的反射光谱曲线具有波峰的形态。近红外的反射特征主要反映了植物叶片、冠层的散射程度以及对于水分的吸收情况，在 700 nm 处反射率急剧上升形成"红边"现象，到达峰值时茎叶光谱曲线反射率大于 40%，该物种的茎叶在 950 nm 和 1 150 nm 附近有水的窄吸收带，反射光谱曲线呈现波状起伏的特点。对于冠层（曲线③和曲线④），近红外光经多层叶片的散射，多数变成反射光，形成高反射率，这也是冠层在该谱段的反射率明显高于叶、茎的主要原因。

短波红外（1 300～2 500 nm）：该谱段光谱反射特征主要受植物含水量强吸收的影响。相比其他器官，茎叶的光谱曲线（曲线①和曲线②）起伏特征更明显。由于是野外采集，受大气水吸收带影响，1 400 nm 以及 1 900 nm 左右的两个波段范围的数据信噪比很低，未在图中显示。

39 翠雀 *Delphinium grandiflorum* L. （毛茛科 翠雀属）

形态特征

茎: 高 65 cm，与叶柄均被反曲平伏柔毛；**叶**: 基生叶及茎下部叶具长柄；叶呈圆五角形，长 2.2～6 cm，宽 4～8.5 cm，3 全裂，中裂片近菱形，一至二回 3 裂至近中脉，侧裂片扇形，不等 2 深裂近基部，两面疏被短柔毛或近无毛；叶柄长为叶片 3～4 倍；**花：**总状花序具 3～15 花；花梗长 1.5～3.8 cm，与序轴密被平伏白色柔毛；小苞片生于花梗中部或上部，与花分开，线形或丝形，长 3.5～7 mm；萼片紫蓝色，椭圆形或宽椭圆形，长 1.2～1.8 cm，被短柔毛，距钻形，长 1.7～2（2.3）cm；退化雄蕊的瓣片近圆形或宽倒卵形，顶端全缘或微凹，腹面中央被黄色髯毛，雄蕊无毛；心皮 3；**果：**种子沿棱具翅。

　　花期：5—10 月。

产地生境

　　国内产地：云南、四川、山西、河北、内蒙古、辽宁、吉林。

　　生境：山地草坡或丘陵沙地。

光谱曲线

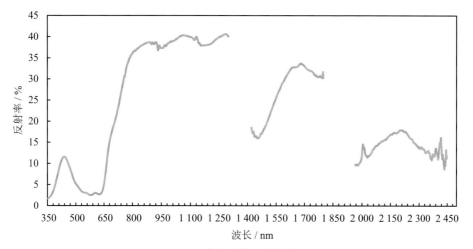

——①花-花期（呼伦贝尔）

①2022 年 8 月 11 日
15:23

可见光-近红外（350～1 300 nm）：该谱段的反射特征受光的吸收和散射特征影响。可见光的反射特征主要反映了植物色素的吸收水平，该物种的花呈现紫色，因此在 400 nm 处呈现一处波峰。近红外的反射特征主要反映了植物叶片、冠层的散射程度以及对于水分的吸收情况，在 700 nm 处反射率急剧上升形成"红边"现象，该物种的花在此谱段内有水的窄吸收带，反射光谱曲线呈现波状起伏的特点。

短波红外（1 300～2 500 nm）：该谱段光谱反射特征主要受植物含水量强吸收的影响。由于是野外采集，受大气水吸收带影响，1 400 nm 以及 1 900 nm 左右的两个波段范围的数据信噪比很低，未在图中显示。

40 掌叶白头翁　　*Pulsatilla patens* subsp. *multifida* (Pritzel) Zamelis

（毛茛科 白头翁属）

形态特征

　　株：高 15 cm；**根：**根粗壮，黑褐色；**茎：**根状茎圆柱形，顶部常分枝；**叶：**叶片呈圆卵形或圆五角形，长 5.5～7 cm，宽 8～11 cm，中全裂片的柄长 6～14 mm；**花：**花莛直立，有与叶柄相同的毛；总苞钟形，长 3.5～4.5 cm，密被长柔毛，管部长 0.8～1.2 cm，裂片狭线形，宽 0.5～1.2 mm；花梗有长柔毛；**果：**长达 27 cm；花直立，萼片蓝紫色，长圆状卵形，长约 3 cm，宽约 1 cm，内面无毛，外面疏被长柔毛；宿存花柱长 3.5～4.8 cm。

　　花期：5—6 月；**果期：**7—8 月。

产地生境

　　国内产地：新疆、内蒙古、黑龙江。

　　生境：山地草坡。

41 细叶白头翁 *Pulsatilla turczaninovii* Kryl. et Serg. （毛茛科 白头翁属）

形态特征

株： 高 25 cm；**叶：** 基生叶 4～5，具长柄，三回羽状复叶；叶片窄椭圆形，有时卵形，长 7～8.5 cm，羽片 3～4 对，下部叶具柄，上部叶无柄，卵形，二回羽状细裂，末回裂片线状披针形或线形，上面毛脱落，下面疏被柔毛；**花：** 花莛被柔毛；总苞钟状，长 2.8～3.4 cm，筒长 5～6 mm，苞片细裂；花梗长约 1.5 cm；花直立；萼片蓝紫色，卵状长圆形或椭圆形，长 2.2～4.2 cm；**果：** 瘦果纺锤形，长约 4 mm，密被长柔毛，宿存花柱长约 3 cm，被向上斜展长柔毛。

花期： 5 月。

产地生境

国内产地：宁夏、内蒙古、河北、辽宁、吉林、黑龙江。

生境：草原或山地草坡或林边。

无人机拍摄

机型：DJI Mini3 Pro；飞行高度：2 m；拍摄角度：60°；时间：2022 年 8 月 11 日；地点：呼伦贝尔。

光谱曲线

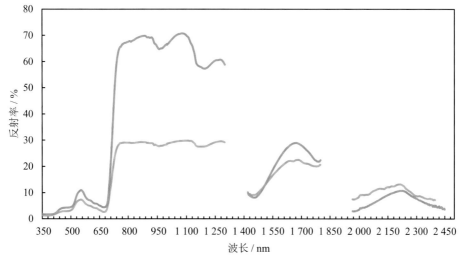

①2022 年 7 月 2 日　　　②2022 年 8 月 12 日
16:28　　　　　　　　11:46

可见光-近红外（350~1 300 nm）：该谱段的反射特征受光的吸收和散射特征影响。可见光的反射特征主要反映了植物色素的吸收水平，550 nm 处是叶绿素的强反射峰区，故此波段的反射光谱曲线具有波峰的形态。近红外的反射特征主要反映了植物叶片、冠层的散射程度以及对于水分的吸收情况，在 700 nm 处反射率急剧上升形成"红边"现象，该物种的茎叶在 950 nm 和 1 150 nm 附近有水的窄吸收带，反射光谱曲线呈现波状起伏的特点。对于冠层（曲线②），近红外光经多层叶片的散射，多数变成反射光，形成高反射率，这也是冠层在该谱段的反射率明显高于茎叶的主要原因。

短波红外（1 300~2 500 nm）：该谱段光谱反射特征主要受植物含水量强吸收的影响。相较于茎叶（曲线①），冠层的光谱曲线（曲线②）起伏特征更明显。由于是野外采集，受大气水吸收带影响，1 400 nm 以及 1 900 nm 左右的两个波段范围的数据信噪比很低，未在图中显示。

42 棉团铁线莲   *Clematis hexapetala* Pall.（毛茛科 铁线莲属）

形态特征

　　茎: 高 1 m, 疏被柔毛; **叶:** 一至二回羽状全裂, 裂片革质, 线状披针形、线形或长椭圆形, 长 1.5~10 cm, 基部楔形, 全缘, 两面疏被柔毛或近无毛, 网脉隆起; 叶柄长 0.5~2 cm; **花:** 花序顶生, 3 至多花; 苞片叶状或披针形; 花梗长 1~7 cm; 萼片 (4) 5~6 (8), 白色, 平展, 窄倒卵形, 长 1~2.5 cm, 被绒毛; 雄蕊无毛, 花药窄长圆形, 长 2.6~3.2 mm, 顶端具小尖头; **果:** 瘦果倒卵圆形, 长 2.5~3.5 mm, 被柔毛; 宿存花柱长 1.5~3 cm, 羽毛状。

　　花期: 6—8 月。

产地生境

　　国内产地: 甘肃、陕西、山西、河北、内蒙古、辽宁、吉林、黑龙江。

　　生境: 固定沙丘、干山坡或山坡草地, 尤以东北及内蒙古草原地区较为普遍。

光谱曲线

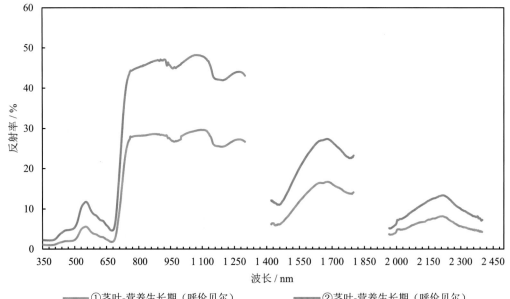

①茎叶-营养生长期（呼伦贝尔）　　　②茎叶-营养生长期（呼伦贝尔）

①2022 年 7 月 2 日
16:25

②2022 年 7 月 2 日
16:32

　　可见光-近红外（350～1 300 nm）：该谱段的反射特征受光的吸收和散射特征影响。可见光的反射特征主要反映了植物色素的吸收水平，茎叶中叶绿素含量较高，在蓝、红光体现了强吸收，在绿光体现出小的反射峰。近红外的反射特征主要反映了植物叶片、冠层的散射程度以及对于水分的吸收情况，在 700 nm 处反射率急剧上升形成"红边"现象，该物种的茎叶在 950 nm 和 1 150 nm 附近有水的窄吸收带，反射光谱曲线呈现波状起伏的特点。

　　短波红外（1 300～2 500 nm）：该谱段光谱反射特征主要受植物含水量强吸收的影响。两条均是茎叶的光谱曲线，起伏特征差异不大。由于是野外采集，受大气水吸收带影响，1 400 nm 以及 1 900 nm 左右的两个波段范围的数据信噪比很低，未在图中显示。

八、景天科 Crassulaceae

43 钝叶瓦松 *Hylotelephium malacophyllum*（Pall.）J. M. H. Shaw（景天科 八宝属）

形态特征

　　茎： 第3年自莲座丛中抽出花茎，花茎高 10～30 cm；**叶：** 第1年植株有莲座丛；莲座叶先端不具刺，先端钝或短渐尖，长圆状披针形、倒卵形、长椭圆形至椭圆形，全缘；**花：** 花序紧密，总状，有时穗状，有时有分枝；苞片匙状卵形，常啮蚀状，上部的短渐尖；花常无梗；萼片5，长圆形，长 3～4 mm，急尖；花瓣5，白色或带绿色，长圆形至卵状长圆形，长 4～6 mm，边缘上部常带啮蚀状，基部 1～1.4 mm 合生；雄蕊10，较花瓣长，花药黄色；鳞片5，线状长方形，长 0.3 mm，先端有微缺，心皮5，卵形，长 4.5 mm，两端渐尖，花柱长 1 mm；**果：** 种子卵状长圆形，长 0.8 mm，有纵条纹。

　　花期： 7 月；**果期：** 8—9 月。

产地生境

　　国内产地： 河北、内蒙古、辽宁、吉林、黑龙江。
　　生境： 岩石缝中。

光谱曲线

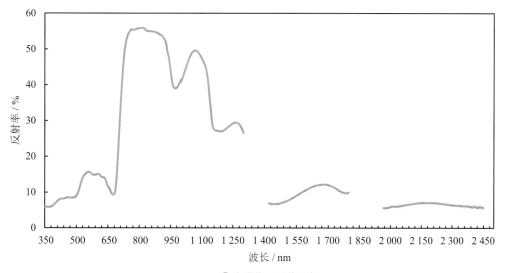

①叶-花期（呼伦贝尔）

①2022 年 8 月 11 日
13:05

可见光-近红外（350～1 300 nm）：该谱段的反射特征受光的吸收和散射特征影响。可见光的反射特征主要反映了植物色素的吸收水平，550 nm 处是叶绿素的强反射峰区，故此波段的反射光谱曲线具有波峰的形态。近红外的反射特征主要反映了植物叶片、冠层的散射程度以及对于水分的吸收情况，在 700 nm 处反射率急剧上升形成"红边"现象，该物种的叶在 950 nm 和 1 150 nm 附近有水的窄吸收带，反射光谱曲线呈现波状起伏的特点。

短波红外（1 300～2 500 nm）：该谱段光谱反射特征主要受植物含水量强吸收的影响。由于是野外采集，受大气水吸收带影响，1 400 nm 以及 1 900 nm 左右的两个波段范围的数据信噪比很低，未在图中显示。

九、蒺藜科 Zygophyllaceae

44 蒺藜

Tribulus terrestris L.（蒺藜科 蒺藜属）

形态特征

茎: 茎平卧,偶数羽状复叶;小叶对生;枝长 20～60 cm,偶数羽状复叶,长 1.5～5 cm;**叶:** 小叶对生,3～8 对,矩圆形或斜短圆形,长 5～10 mm,宽 2～5 mm,先端锐尖或钝,基部稍偏科,被柔毛,全缘;**花:** 花腋生,花梗短于叶,花黄色;萼片 5,宿存;花瓣 5;雄蕊 10,生于花盘基部,基部有鳞片状腺体,子房 5 棱,柱头 5 裂,每室 3～4 胚珠;**果:** 果有分果瓣 5,硬,长 4～6 mm,无毛或被毛,中部边缘有锐刺 2 枚,下部常有小锐刺 2 枚,其余部位常有小瘤体。

花期:5—8 月;果期:6—9 月。

产地生境

国内产地: 全国各地均有分布。

生境: 沙地、荒地、山坡、居民点附近。

无人机拍摄

机型: DJI Mini3 Pro;**飞行高度:** 1 m;**拍摄角度:** 45°;**时间:** 2022 年 8 月 2 日;**地点:** 鄂尔多斯。

光谱曲线

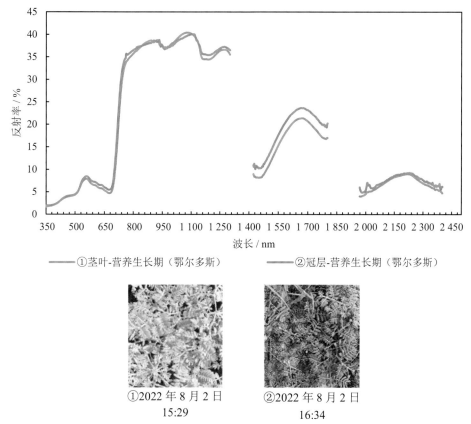

①茎叶-营养生长期（鄂尔多斯）　　②冠层-营养生长期（鄂尔多斯）

①2022 年 8 月 2 日
15:29

②2022 年 8 月 2 日
16:34

可见光-近红外（350～1 300 nm）：该谱段的反射特征受光的吸收和散射特征影响。可见光的反射特征主要反映了植物色素的吸收水平，550 nm 处是叶绿素的强反射峰区，故此波段的反射光谱曲线具有波峰的形态。近红外的反射特征主要反映了植物叶片、冠层的散射程度以及对于水分的吸收情况，在 700 nm 处反射率急剧上升形成"红边"现象，该物种的茎叶在 950 nm 和 1 150 nm 附近有水的窄吸收带，反射光谱曲线呈现波状起伏的特点。

短波红外（1 300～2 500 nm）：该谱段光谱反射特征主要受植物含水量强吸收的影响。两条曲线采集部位均为营养生长期的茎叶，光谱曲线起伏特征差异不大。由于是野外采集，受大气水吸收带影响，1 400 nm 以及 1 900 nm 左右的两个波段范围的数据信噪比很低，未在图中显示。

十、豆科 Fabaceae

45 披针叶野决明 *Thermopsis lanceolata* R. Br.（豆科 野决明属）

形态特征

　　株：高 10～40 cm；**茎：**茎直立或斜升，基部多分枝；**叶：**托叶 2，基部连合，披针形或卵状披针形，长 1～4 cm 叶柄稍短于托叶；小叶倒披针形或长圆状倒披针形，长 2.5～8 cm，先端钝或锐尖，基部楔形；**花：**总状花序顶生，长 0.6～1.7 cm；花轮生，3 花 1 轮；有花 2～6 轮；苞片长卵形，长 1～1.8 cm，基部连合；花萼筒状，长约 2 cm，萼齿披针形，上方 2 齿大部分合生；花冠黄色，旗瓣瓣片近圆形，长 2～2.7 cm，翼瓣稍短于旗瓣，龙骨瓣短于翼瓣，瓣片半圆形；子房具柄；**果**：荚果扁带形，长 3～8（10）cm，直或微弯曲。

　　花期：5—7 月；**果期**：6—10 月。

产地生境

　　国内产地：黑龙江、吉林、辽宁、内蒙古、河北、山西、陕西、甘肃、宁夏、新疆、青海、西藏、四川、湖北、河南。

　　生境：草原沙丘、河岸和砾滩。

无人机拍摄

机型： DJI Mini3 Pro；**飞行高度：** 1 m；**拍摄角度：** 45°；**时间：** ①⑤：2022 年 7 月 6 日，②③④：2022 年 8 月 8 日；**地点：** 锡林浩特。

光谱曲线

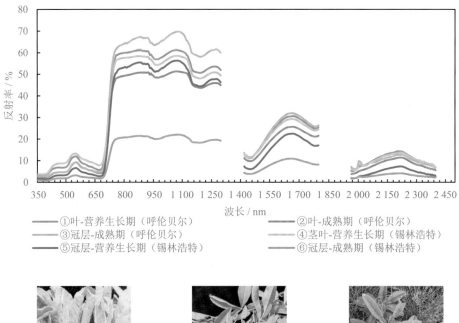

- ——①叶-营养生长期（呼伦贝尔）
- ——③冠层-成熟期（呼伦贝尔）
- ——⑤冠层-营养生长期（锡林浩特）
- ——②叶-成熟期（呼伦贝尔）
- ——④茎叶-营养生长期（锡林浩特）
- ——⑥冠层-成熟期（锡林浩特）

①2022 年 7 月 2 日
16:19

②2022 年 8 月 11 日
12:44

③2022 年 8 月 12 日
12:20

④2022 年 7 月 6 日　　　　⑤2022 年 8 月 6 日　　　　⑥2022 年 7 月 6 日
　　　17:08　　　　　　　　　　14:40　　　　　　　　　　15:51

可见光-近红外（350～1 300 nm）：该谱段的反射特征受光的吸收和散射特征影响。可见光的反射特征主要反映了植物色素的吸收水平，550 nm 处是叶绿素的强反射峰区，故此波段的反射光谱曲线具有波峰的形态。近红外的反射特征主要反映了植物叶片、冠层的散射程度以及对于水分的吸收情况，在 700 nm 处反射率急剧上升形成"红边"现象，该物种的茎叶和冠层在 950 nm 和 1 150 nm 附近有水的窄吸收带，反射光谱曲线呈现波状起伏的特点。

短波红外（1 300～2 500 nm）：该谱段光谱反射特征主要受植物含水量强吸收的影响。由于是野外采集，受大气水吸收带影响，1 400 nm 以及 1 900 nm 左右的两个波段范围的数据信噪比很低，未在图中显示。

46 兴安胡枝子 *Lespedeza davurica* (Laxmann) Schindler（豆科 胡枝子属）

形态特征

株：高 1 m；茎：分枝稀少；叶：叶具 3 小叶；叶柄长 1~2 cm；小叶长圆形或窄长圆形，长 2~5 cm，宽 0.5~1.6 cm，先端圆或微凹，有小刺尖，基部圆，上面无毛，下面被贴伏短柔毛；花：总状花序较叶短或与叶等长；花序梗密被短柔毛；花萼 5 深裂，裂片披针形，与花冠近等长；花冠白或黄白色，旗瓣长圆形，长约 1 cm，中部稍带紫色，具瓣柄，翼瓣长圆形，较短，龙骨瓣较翼瓣长，先端圆；闭锁花生于叶腋，结实；果：荚果小，倒卵形或长倒卵形，长 3~4 mm，先端有刺尖，被柔毛，藏于宿存花萼内。

花期：7—8 月；果期：9—10 月。

产地生境

国内产地：安徽、甘肃、贵州、河北、黑龙江、河南、江苏、吉林、辽宁、内蒙古、宁夏、陕西、山东、山西、四川、台湾、云南。

生境：生于干山坡、草地、路旁及沙质地上。

无人机拍摄

机型：DJI Mini3 Pro；飞行高度：1 m；拍摄角度：45°；时间：2022 年 8 月 2 日；地点：鄂尔多斯。

光谱曲线

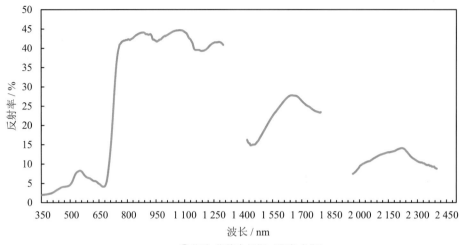

——①茎叶-营养生长期（鄂尔多斯）

①2022 年 8 月 3 日
15:04

　　可见光-近红外（350～1 300 nm）：该谱段的反射特征受光的吸收和散射特征影响。可见光的反射特征主要反映了植物色素的吸收水平，在 550 nm 处是叶绿素的强反射区，光谱反射率有一处波峰。近红外的反射特征主要反映了植物叶片、冠层的散射程度以及对于水分的吸收情况，在 700 nm 处反射率急剧上升形成"红边"现象，到达峰值时茎叶光谱曲线反射率大于 40%，该物种的茎叶在 950 nm 和 1 150 nm 附近有水的窄吸收带，反射光谱曲线呈现波状起伏的特点。

　　短波红外（1 300～2 500 nm）：该谱段光谱反射特征主要受植物含水量强吸收的影响。由于是野外采集，受大气水吸收带影响，1 400 nm 以及 1 900 nm 左右的两个波段范围的数据信噪比很低，未在图中显示。

47　小叶锦鸡儿

Caragana microphylla Lam.（豆科 锦鸡儿属）

形态特征

　　株：高 2～3 m；**茎：**老枝深灰色或黑绿色，幼枝被毛；**叶：**羽状复叶有 5～10 对小叶；托叶长 1.5～5 cm，脱落；小叶倒卵形或倒卵状长圆形，长 0.3～1 cm，宽 2～8 mm，先端圆或钝，具短刺尖，幼时被短柔毛；**花：**花单生，花梗长约 1 cm，近中部具关节，被柔毛；花萼管状钟形，长 0.9～1.2 cm，宽 5～7 mm，萼齿宽三角形，先端尖；花冠黄色，长约 2.5 cm，旗瓣宽倒卵形，基部具短瓣柄，翼瓣的瓣柄长为瓣片的 1/2，耳齿状，龙骨瓣的瓣柄与瓣片近等长，瓣片基部无明显的耳；子房无毛，无柄；**果：** 荚果圆筒形，长 4～5 cm，宽 4～5 mm，稍扁，无毛，具锐尖头，无柄。

花期： 5—6 月；**果期：** 7—8 月。

产地生境

国内产地： 甘肃、山东、陕西、内蒙古、辽宁、北京、黑龙江、河北、山西。

生境： 固定、半固定沙地。

无人机拍摄

机型：DJI Mini3 Pro；飞行高度：1 m；拍摄角度：45°；时间：2022 年 8 月 8 日；地点：锡林浩特。

光谱曲线

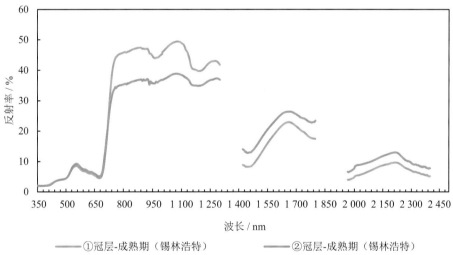

——①冠层-成熟期（锡林浩特）　　　——②冠层-成熟期（锡林浩特）

①2022 年 7 月 6 日
15:20

②2022 年 8 月 6 日
16:04

可见光-近红外（350～1 300 nm）：该谱段的反射特征受光的吸收和散射特征影响。可见光的反射特征主要反映了植物色素的吸收水平，在 550 nm 处是叶绿素的强反射区，光谱反射率有一处波峰。近红外的反射特征主要反映了植物叶片、冠层的散射程度以及对于水分的吸收情况，在 700 nm 处反射率急剧上升形成"红边"现象，到达峰值时茎叶光谱曲线反射率大于 35%，该物种的茎叶在 950 nm 和 1 150 nm 附近有水的窄吸收带，反射光谱曲线呈现波状起伏的特点。

短波红外（1 300～2 500 nm）：该谱段光谱反射特征主要受植物含水量强吸收的影响。两条均为成熟期的冠层的光谱曲线，起伏特征差异不大。由于是野外采集，受大气水吸收带影响，1 400 nm 以及 1 900 nm 左右的两个波段范围的数据信噪比很低，未在图中显示。

48 狭叶锦鸡儿　　*Caragana stenophylla* Pojark.（豆科 锦鸡儿属）

形态特征

株：高 30～80 cm；**茎：**树皮灰绿色，黄褐色或深褐色；小枝细长，具条棱，嫩时被短柔毛；**叶：**假掌状复叶有 4 片小叶；托叶在长枝者硬化成针刺，刺长 2～3 mm；长枝上叶柄硬化成针刺，宿存，长 4～7 mm，直伸或向下弯，短枝上叶无柄，簇生；小叶线状披针形或线形，长 4～11 mm，宽 1～2 mm，两面绿色或灰绿色，常由中脉向上折叠；**花：**花梗单生，长 5～10 mm，关节在中部稍下；花萼钟状管形，长 4～6 mm，宽约 3 mm，无毛或疏被毛，萼齿三角形，长约 1 mm，具短尖头；花冠黄色，旗瓣圆形或宽倒卵形，长 14～17（20）mm，中部常带橙褐色，瓣柄短宽，翼瓣上部较宽，瓣柄长约为瓣片的 1/2，耳长圆形，龙骨瓣的瓣柄较瓣片长 1/2，耳短钝；子房无毛；**果：**荚果圆筒形，长 2～2.5 cm，宽 2～3 mm。

花期：4—6 月；果期：7—8 月。

产地生境

国内产地：甘肃、河北、黑龙江、吉林、辽宁、内蒙古、宁夏、青海东部、陕西、山西北部。

生境：沙地、黄土丘陵、低山阳坡。

无人机拍摄

机型：DJI Mini3 Pro；**飞行高度：**1 m；**拍摄角度：**45°；**时间：**2022 年 8 月 2 日；**地点：**鄂尔多斯。

光谱曲线

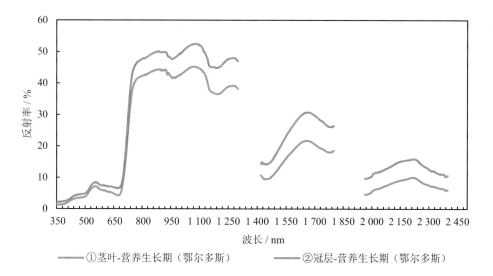

①茎叶-营养生长期（鄂尔多斯）　　　　②冠层-营养生长期（鄂尔多斯）

①2022 年 8 月 2 日
14:15

②2022 年 8 月 2 日
16:10

可见光-近红外（350～1 300 nm）：该谱段的反射特征受光的吸收和散射特征影响。可见光的反射特征主要反映了植物色素的吸收水平，在蓝、红光体现了强吸收，在绿光体现出小的反射峰。近红外的反射特征主要反映了植物叶片、冠层的散射程度以及对于水分的吸收情况，在 700 nm 处反射率急剧上升形成"红边"现象，到达峰值时茎叶光谱曲线反射率大于 40%，该物种的茎叶和冠层在 950 nm 和 1 150 nm 附近有水的窄吸收带，反射光谱曲线呈现波状起伏的特点。对于冠层（曲线②），近红外光经多层叶片的散射，多数变成反射光，形成高反射率。

短波红外（1 300～2 500 nm）：该谱段光谱反射特征主要受植物含水量强吸收的影响。冠层（曲线②）在该谱段内光谱反射率高于茎叶（曲线①）。由于是野外采集，受大气水吸收带影响，1 400 nm 以及 1 900 nm 左右的两个波段范围的数据信噪比很低，未在图中显示。

49 米口袋　　*Gueldenstaedtia verna*（Georgi）Boriss.（豆科 米口袋属）

形态特征

株： 质部常具车辐状髓线；**根：** 主根细长；**茎：** 分茎短，长 2～3 cm，具宿存托叶；**叶：** 羽状复叶长 2～20 cm；托叶三角形，基部合生；叶柄被白色疏柔毛；小叶 7～19，长圆形或披针形，长 0.5～2.5 cm，先端钝头或急尖，具细尖，两面被疏柔毛，有时上面无毛；**花：** 花梗长 0.5～1 mm；小苞片线形，长约为萼筒的 1/2；花萼钟状，长 5～7 mm，被白色疏柔毛，萼齿披针形，上方 2 齿约与萼筒等长，下方 3 齿较短小；花冠红紫色，旗瓣瓣片卵形，长 1.3 cm，先端圆，微缺，基部渐窄成瓣柄，翼瓣瓣片斜倒卵形，先端斜截，长 1.1 cm，具短耳，瓣柄长 3 mm，龙骨瓣瓣片倒卵形，长 5.5 mm，瓣柄长 2.5 mm 子房椭圆状，密被柔毛，花柱无毛，内卷；**果：** 荚果长圆筒状，长 1.5～2 cm，被长柔毛，成熟后毛稀疏，开裂；**种子：** 圆肾形，径约 1.5 mm，具浅凹点。

花期： 5 月；**果期：** 6—7 月。

产地生境

国内产地： 甘肃、河北、黑龙江、河南、湖北、江苏、江西、吉林、辽宁、内蒙古、宁夏、青海、陕西、山东、山西、四川、天津、云南、浙江。

生境： 山坡、草地、田边等处。

50 猫头刺

Oxytropis aciphylla Ledeb.（豆科 棘豆属）

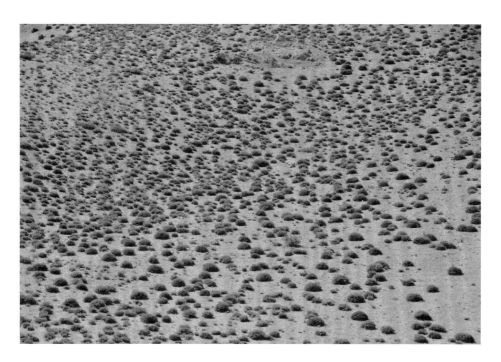

形态特征

株：高 20 cm；**茎：**茎多分枝；**叶：**偶数羽状复叶，叶轴顶端针刺状，宿存，长 2～6 cm，密被柔毛；小叶 5～7，线形，长 0.5～1.8 cm，先端渐尖，基部楔形，边缘常内卷，两面密被贴伏白色柔毛；托叶膜质，彼此合生，下部与叶柄贴生，先端截形，被柔毛或光滑，边缘有白色长柔毛；**花：**总状花序腋生，具 1～2 花；苞片膜质，钻状披针形；花萼筒状，花后稍膨胀，密被长柔毛；花冠红紫、蓝紫或白色；旗瓣倒卵形，长 1.2～2.4 cm，基部渐窄成瓣柄，翼瓣长 1.2～2 cm，龙骨瓣长 1.1～1.3 cm，喙长 1～1.5 mm；子房圆柱形，花柱顶端弯曲，无毛；**果：**荚果硬革质，长圆形，长 1～2 cm，腹缝线深陷，密被白色贴伏柔毛，不完全 2 室。

花期：5—6 月；**果期：**6—7 月。

产地生境

国内产地：内蒙古、陕西、宁夏、甘肃、青海、新疆。

生境：丘陵坡地。

无人机拍摄

机型：DJI Mini3 Pro；**飞行高度：**1 m；**拍摄角度：**45°；**时间：**2022 年 8 月 2 日；**地点：**鄂尔多斯。

光谱曲线

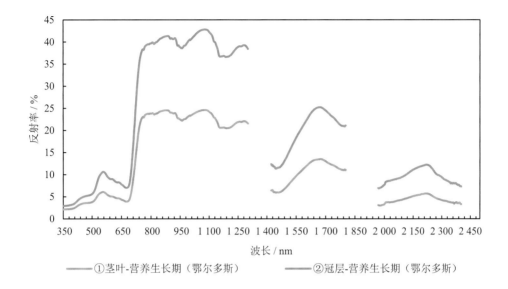

①茎叶-营养生长期（鄂尔多斯）　　②冠层-营养生长期（鄂尔多斯）

①2022 年 8 月 2 日
14:28

②2022 年 8 月 2 日
16:16

可见光-近红外（350～1 300 nm）：该谱段的反射特征受光的吸收和散射特征影响。可见光的反射特征主要反映了植物色素的吸收水平，在 550 nm 处是叶绿素的强反射区，光谱反射率有一处波峰。近红外的反射特征主要反映了植物叶片、冠层的散射程度以及对于水分的吸收情况，在 700 nm 处反射率急剧上升形成"红边"现象，该物种的冠层在 950 nm 和 1 150 nm 附近有水的窄吸收带，反射光谱曲线呈现波状起伏的特点。对于冠层（曲线②），近红外光经多层叶片的散射，多数变成反射光，形成高反射率，这也是冠层在该谱段的反射率明显高于茎叶的主要原因。

短波红外（1 300～2 500 nm）：该谱段光谱反射特征主要受植物含水量强吸收的影响。相比冠层（曲线②），茎叶的光谱曲线（曲线①）起伏特征更明显。由于是野外采集，受大气水吸收带影响，1 400 nm 以及 1 900 nm 左右的两个波段范围的数据信噪比很低，未在图中显示。

51 **多叶棘豆**　*Oxytropis myriophylla*（Pall.）DC.（豆科 棘豆属）

形态特征

株：高 30 cm，全株被白或黄色长柔毛；茎：茎缩短，丛生；叶：羽状复叶轮生，长 10～30 cm；小叶 12～16 轮，每轮 4～8，线形、长圆形或披针形，长 0.3～1.5 cm，先端渐尖，基部圆，两面密被长柔毛；托叶膜质，卵状披针形，密被黄色长柔毛；花：多花组成紧密或较疏松的总状花序，疏被长柔毛；苞片披针形，长 0.8～1.5 cm，被长柔毛；花萼筒状，长约 1.1 cm，被长柔毛，萼齿披针形，长约 4 mm，两面被长柔毛；花冠淡红紫色，长 2～2.5 cm，旗瓣长椭圆形，长约 1.8 cm，先端圆或微凹，基部下延成瓣柄，翼瓣长约 1.5 cm，先端急尖，耳长约 2 mm，瓣柄长约 8 mm，龙骨瓣长约 1.2 cm，耳长约 1.5 cm，喙长 5～7 mm；子房线形，被毛；果：荚果披针状椭圆形，革质，长约 1.5 cm，顶端喙长 5～7 mm，密被长柔毛。

花期：5—6 月；果期：7—8 月。

产地生境

国内产地：黑龙江、吉林、辽宁、内蒙古、河北、山西、陕西、宁夏。

生境：低山坡。

无人机拍摄

机型：DJI Mini3 Pro；飞行高度：2 m；拍摄角度：①：45°，②：60°；时间：2022 年 8 月 11 日；地点：呼伦贝尔。

光谱曲线

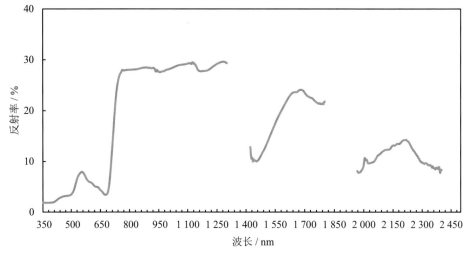

———①茎叶-营养生长期（呼伦贝尔）

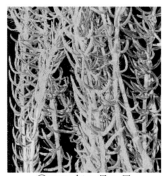

①2022 年 7 月 2 日
16:57

可见光-近红外（350～1 300 nm）：该谱段的反射特征受光的吸收和散射特征影响。可见光的反射特征主要反映了植物色素的吸收水平，在 550 nm 处是叶绿素的强反射区，光谱反射率有一处波峰。近红外的反射特征主要反映了植物叶片、冠层的散射程度以及对于水分的吸收情况，在 700 nm 处反射率急剧上升形成"红边"现象，该物种的茎叶在 950 nm 和 1 150 nm 附近有水的窄吸收带，反射光谱曲线呈现波状起伏的特点。

短波红外（1 300～2 500 nm）：该谱段光谱反射特征主要受植物含水量强吸收的影响。由于是野外采集，受大气水吸收带影响，1 400 nm 以及 1 900 nm 左右的两个波段范围的数据信噪比很低，未在图中显示。

52 砂珍棘豆

Oxytropis racemosa Turcz.（豆科 棘豆属）

形态特征

　　株：高 15（30）cm；**茎：**茎缩短，多头；**叶：**奇数羽状复叶长 5～14 cm；托叶膜质，卵形，被柔毛；叶柄密被长柔毛；小叶 6～12，每轮 4～6，长圆形、线形或披针形，长 0.5～1 cm，先端尖，基部楔形，边缘有时内卷，两面密被贴伏长柔毛；**花：**顶生头形总状花序，被微卷曲柔毛；苞片披针形，短于花萼，宿存；花萼管状钟形，长 5～7 mm，萼齿线形，长 1.5～3 mm，被短柔毛；花冠红紫或淡紫红色，旗瓣匙形，长约 1.2 cm，先端圆或微凹，基部渐窄成瓣柄，翼瓣卵状长圆形，长 1.1 cm，龙骨瓣长 9.5 mm，喙长约 1 mm；子房微被毛或无毛，花柱顶端弯曲；**果：**荚果膜质，球状，膨胀，长约 1 cm，顶端具钩状短喙，腹缝线内凹，被短柔毛，隔膜宽约 0.5 mm。

　　花期：5—7 月；**果期：**6—10 月。

产地生境

国内产地：北京、辽宁、内蒙古、河北、山西、河南、陕西、宁夏、甘肃。

生境：沙滩、沙荒地、沙丘、沙质坡地及丘陵地区阳坡。

光谱曲线

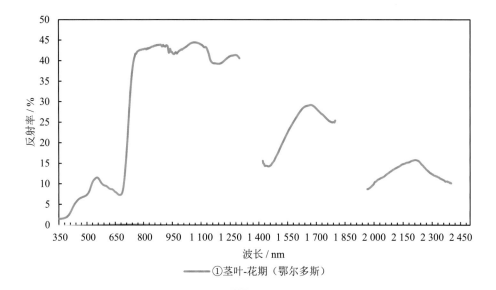

——①茎叶-花期（鄂尔多斯）

①2022 年 8 月 3 日
15:16

可见光-近红外（350～1 300 nm）：该谱段的反射特征受光的吸收和散射特征影响。可见光的反射特征主要反映了植物色素的吸收水平，在 550 nm 处是叶绿素的强反射区，光谱反射率有一处波峰。近红外的反射特征主要反映了植物叶片、冠层的散射程度以及对于水分的吸收情况，在 700 nm 处反射率急剧上升形成"红边"现象，到达峰值时茎叶光谱曲线反射率大于 40%，该物种的茎叶在 950 nm 和 1 150 nm 附近有水的窄吸收带，反射光谱曲线呈现波状起伏的特点。

短波红外（1 300～2 500 nm）：该谱段光谱反射特征主要受植物含水量强吸收的影响。由于是野外采集，受大气水吸收带影响，1 400 nm 以及 1 900 nm 左右的两个波段范围的数据信噪比很低，未在图中显示。

53 单叶黄芪 *Astragalus efoliolatus* Hand.-Mazz.（豆科 黄芪属）

形态特征

株： 高 5～10 cm；**根：** 主根细长，直伸，黄褐色或暗褐色；**茎：** 茎短缩，密丛状；**叶：** 叶仅具 1 小叶；托叶卵形或披针形，长 5～6 mm，膜质，先端渐尖或撕裂状，疏被伏贴丁字毛；小叶线形，长 5～12 cm，宽 1～2 mm，先端渐尖，两面疏被白色伏贴毛；**花：** 总状花序生 2～5 花，较叶短，腋生；苞片披针形，膜质，被白色长毛，先端尖，与花梗近等长；花萼钟状管形，长 5～7 mm，密被白色伏贴毛，萼齿线状钻形，较萼筒稍短；花冠淡紫色或粉红色，旗瓣长圆形，长 8～11 mm，先端微凹，中部缢缩，瓣柄不明显，翼瓣长 7～10 mm，瓣片狭长圆形，较瓣柄长，龙骨瓣较翼瓣短，瓣片稍宽，近半圆形，与瓣柄近等长；子房有毛；**果：** 荚果卵状长圆形，长约 1 cm，扁平，顶端有短喙，被白色伏贴毛。

花期： 6—9 月；**果期：** 9—10 月。

产地生境

国内产地： 内蒙古、陕西、宁夏、甘肃。

生境： 沙质冲积土上。

54 乳白黄芪 *Astragalus galactites* Pall.（豆科 黄芪属）

形态特征

　　株：高 5～15 cm；**根：**根粗壮；**茎：**茎极短缩；**叶：**羽状复叶有 9～37 片小叶；叶柄较叶轴短；托叶膜质，密被长柔毛，下部与叶柄贴生，上部卵状三角形；小叶长圆形或狭长圆形，稀为披针形或近椭圆形，长 8～18 mm，宽 1.5～6 mm，先端稍尖或钝，基部圆形或楔形，面无毛，下面被白色伏贴毛；**花：**花生于基部叶腋；通常 2 花簇生；苞片披针形或线状披针形，长 5～9 mm，被白色长毛；花萼管状钟形；**果：**荚果卵圆形或倒卵圆形，长 4～5 mm，幼时密被白色柔毛，常包于宿萼内，后期宿萼脱落；种子通常 2 粒。

　　花期：5—6 月；**果期：**6—8 月。

产地生境

　　国内产地：甘肃、内蒙古、陕西。

　　生境：草原沙质土上及向阳山坡。

55 斜茎黄芪

Astragalus laxmannii Jacq.（豆科 黄芪属）

形态特征

　　株：高 20～100 cm；**根**：根较粗壮，暗褐色，有时有长主根；**茎**：茎丛生，直立或斜上；**叶**：羽状复叶有 9～25 片小叶，叶柄较叶轴短；托叶三角形，渐尖，基部稍合生或有时分离，长 3～7 mm；小叶长圆形、近椭圆形或狭长圆形，长 10～25（35）mm，宽 2～8 mm，基部圆形或近圆形，有时稍尖，上面疏被伏贴毛，下面较密；**花**：总状花序长圆柱状，稀近头状，有多数花；花萼钟状，长 5～6 mm，被黑或白色毛，有时被黑白混生的毛，萼齿长为筒部的 1/3；花冠近蓝或红紫色，旗瓣长 1.1～1.5 cm，倒卵状长圆形，翼瓣稍短于旗瓣，瓣片稍长于瓣柄，龙骨瓣长 0.7～1 cm；子房密被毛，有短柄；**果：** 荚果长圆形，长 0.7～1.8 cm，顶端具下弯短喙，被黑或褐或与混生的白色毛，假 2 室。

　　花期：6—8 月；果期：8—10 月。

产地生境

　　国内产地：东北、华北、西北、西南地区。

　　生境：向阳山坡灌丛及林缘地带。

无人机拍摄

　　机型：DJI Mini3 Pro；飞行高度：1 m；拍摄角度：60°；时间：2022 年 8 月 11 日；地点：呼伦贝尔。

光谱曲线

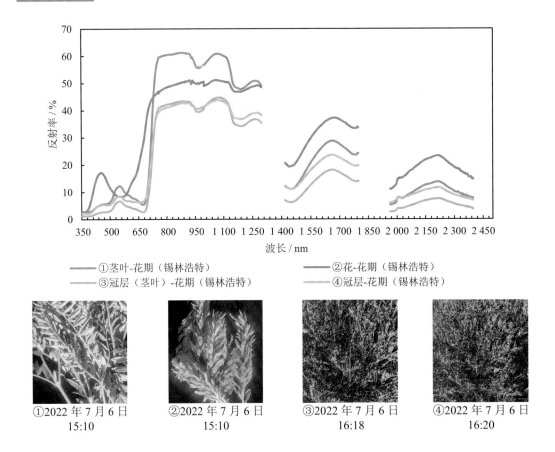

①茎叶-花期（锡林浩特）　　②花-花期（锡林浩特）
③冠层（茎叶）-花期（锡林浩特）　　④冠层-花期（锡林浩特）

①2022 年 7 月 6 日
15:10

②2022 年 7 月 6 日
15:10

③2022 年 7 月 6 日
16:18

④2022 年 7 月 6 日
16:20

可见光-近红外（350～1 300 nm）：该谱段的反射特征受光的吸收和散射特征影响。可见光的反射特征主要反映了植物色素的吸收水平，相较于该物种花期的花（曲线②）而言，其他器官的叶绿素含量较高，在蓝、红光体现了强吸收，在绿光体现出小的反射峰。近红外的反射特征主要反映了植物叶片、冠层的散射程度以及对于水分的吸收情况，在700 nm 处反射率急剧上升形成"红边"现象，该物种的茎叶、花和冠层在 950 nm 和 1 150 nm 附近有水的窄吸收带，反射光谱曲线呈现波状起伏的特点。

短波红外（1 300～2 500 nm）：该谱段光谱反射特征主要受植物含水量强吸收的影响。相比冠层（曲线①）和茎叶（曲线③和曲线④），花的光谱曲线（曲线②）起伏特征更明显，光谱反射率较高。由于是野外采集，受大气水吸收带影响，1 400 nm 以及 1 900 nm 左右的两个波段范围的数据信噪比很低，未在图中显示。

56 糙叶黄芪   *Astragalus scaberrimus* Bunge（豆科 黄芪属）

形态特征

株： 密被白色伏贴毛；**茎：** 根状茎短缩，多分枝，木质化；地上茎不明显或极短，有时伸长而匍匐；**叶：** 羽状复叶有 7～15 片小叶，长 5～17 cm；叶柄与叶轴等长或稍长；托叶下部与叶柄贴生，长 4～7 mm，上部呈三角形至披针形；小叶椭圆形或近圆形，有时披针形，长 7～20 mm，宽 3～8 mm，先端锐尖、渐尖，有时稍钝，基部宽楔形或近圆形，两面密被伏贴毛；**花：** 总状花序生 3～5 花，排列紧密或稍稀疏；总花梗极短或长达数厘米，腋生；花梗极短；苞片披针形，较花梗长；花萼管状，长 7～9 mm，被细伏贴毛，萼齿线状披针形，与萼筒等长或稍短；花冠淡黄色或白色，旗瓣倒卵状椭圆形，先端微凹，中部稍缢缩，下部稍狭成不明显的瓣柄，翼瓣较旗瓣短，瓣片长圆形，先端微凹，较瓣柄长，龙骨瓣较翼瓣短，瓣片半长圆形，与瓣柄等长或稍短；子房有短毛；**果：** 荚果披针状长圆形，微弯，长 0.8～1.3 cm，革质，密被白色伏贴毛，假 2 室。

花期： 4—8 月；**果期：** 5—9 月。

产地生境

国内产地： 东北、华北、西北各省区。

生境： 山坡石砾质草地、草原、沙丘及沿河流两岸的沙地。

57 细叶黄芪   *Astragalus tenuis* Turcz.（豆科 黄芪属）

形态特征

    株： 多年生草本；**根：** 主根粗壮；**茎：** 直立或斜生，高 30～50 cm，**叶：** 羽状复叶，小叶 3 片，稀 5 片，狭线形或丝状，长 10～15（17）mm，宽约 0.5 mm；**花：** 总状花序生多数花，稀疏；总花梗远较叶长；花小；苞片小，披针形，长约 1 mm；花梗长 1～2 mm，连同花序轴均被白色短伏贴柔毛；花萼短钟状，长约 1.5 mm，被白色短伏贴柔毛，萼齿三角形，较萼筒短；花冠白色或带粉红色，旗瓣近圆形或宽椭圆形，长约 5 mm，先端微凹，基部具短瓣柄，翼瓣较旗瓣稍短，先端有不等的 2 裂或微凹，基部具短耳，瓣柄长约 1 mm，龙骨瓣较翼瓣短，瓣片半月形，先端带紫色，瓣柄长为瓣片的 1/2；子房近无柄，无毛；**果：** 荚果宽倒卵状球形或椭圆形，先端微凹，具短喙，长 2.5～3.5 mm，假 2 室，背部具稍深的沟，有横纹；**种子：** 4～5 粒，肾形，暗褐色，长约 1 mm。

花期：7—8 月；果期：8—9 月。

产地生境

国内产地： 长江以北各省区。

生境： 向阳山坡、路旁草地或草甸草地。

无人机拍摄

机型：DJI Mini3 Pro；飞行高度：1 m；拍摄角度：45°；时间：2022 年 8 月 7 日；地点：锡林浩特。

光谱曲线

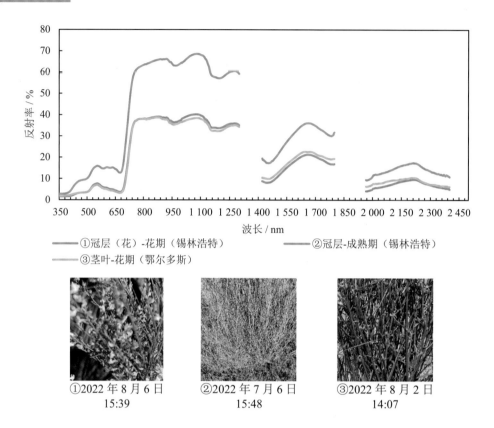

①2022 年 8 月 6 日
15:39

②2022 年 7 月 6 日
15:48

③2022 年 8 月 2 日
14:07

　　可见光-近红外（350～1 300 nm）：该谱段的反射特征受光的吸收和散射特征影响。可见光的反射特征主要反映了植物色素的吸收水平，相较于茎叶（曲线③）和成熟期冠层（曲线②）而言，花（曲线①）中叶绿素含量较少，在 550 nm 处反射率呈现较高的反射峰。近红外的反射特征主要反映了植物叶片、冠层的散射程度以及对于水分的吸收情况，在 700 nm 处反射率急剧上升形成"红边"现象，该物种的茎、叶、花和冠层在此波段内有水的窄吸收带，反射光谱曲线呈现波状起伏的特点。

　　短波红外（1 300～2 500 nm）：该谱段光谱反射特征主要受植物含水量强吸收的影响。相比冠层（曲线②）和茎叶（曲线③），该物种花的光谱曲线（曲线①）起伏特征更明显，光谱反射率更高。由于是野外采集，受大气水吸收带影响，1 400 nm 以及 1 900 nm 左右的两个波段范围的数据信噪比很低，未在图中显示。

58 花苜蓿

Medicago ruthenica（L.）Trautv.（豆科 苜蓿属）

形态特征

　　株：高 0.2～1 m；**茎：**茎直立或上升，四棱形，基部分枝，丛生，多少被毛；**叶：**羽状三出复叶；托叶披针形，锥尖，耳状，具 1～3 浅齿；小叶倒披针形、楔形或线形，长 1～1.5 cm，宽 3～7 mm，边缘 1/4 以上具尖齿，上面近无毛，下面被贴伏柔毛，侧脉 8～18 对；顶生小叶稍大，小叶柄长 2～6 mm，侧生小叶柄甚短，被毛；**花：**花序伞形，腋生，有时长达 2 cm，具 6～9 朵密生的花；花序梗通常比叶长苞片刺毛状；花长 5～9 mm；花梗长 1.5～4 mm，被柔毛；花萼钟形；花冠黄褐色，中央有深红或紫色条纹，旗瓣倒卵状长圆形、倒心形或匙形，翼瓣稍短，龙骨瓣明显短，均具长瓣柄；子房线形，无毛，花柱短；**果：** 荚果长圆形或卵状长圆形，扁平，长 0.8～2 cm，宽 3.5～5（7）mm，顶端具短喙，基部窄尖并稍弯曲，具短柄，脉纹横向倾斜，分叉，腹缝有时具流苏状的窄翅，有 2～6 粒种子；种子椭圆状卵圆形，平滑。

花期： 6—9 月；**果期：** 8—10 月。

产地生境

国内产地： 甘肃、河北、黑龙江、河南、吉林、辽宁、内蒙古、宁夏、青海、陕西、山西、四川。

生境： 草原、沙地、河岸及沙砾质土壤的山坡旷野。

无人机拍摄

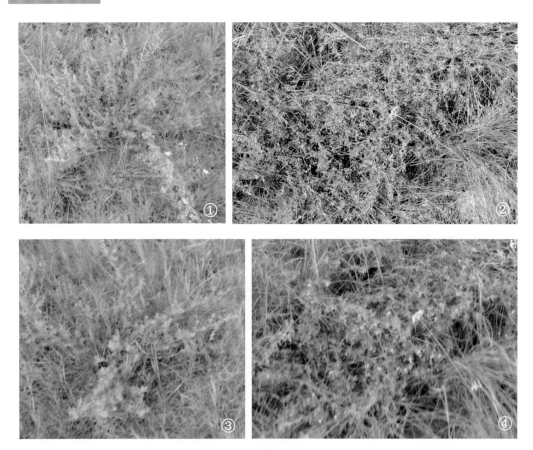

机型： DJI Mini3 Pro；**飞行高度：** 1 m；**拍摄角度：** 45°；**时间：** ①：2022 年 8 月 8 日，②：2022 年 8 月 11 日，③：2022 年 8 月 7 日，④：2022 年 8 月 1 日；**地点：** ①③：锡林浩特，②④：呼伦贝尔。

光谱曲线

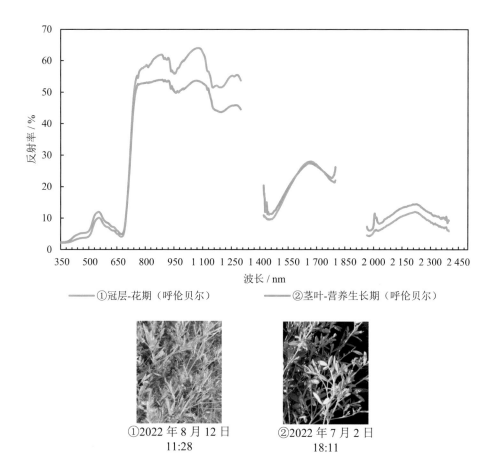

①冠层-花期（呼伦贝尔）　　　②茎叶-营养生长期（呼伦贝尔）

①2022 年 8 月 12 日 11:28

②2022 年 7 月 2 日 18:11

可见光-近红外（350～1 300 nm）：该谱段的反射特征受光的吸收和散射特征影响。可见光的反射特征主要反映了植物色素的吸收水平，550 nm 处是叶绿素的强反射峰区，故此波段的反射光谱曲线具有波峰的形态。近红外的反射特征主要反映了植物叶片、冠层的散射程度以及对于水分的吸收情况，在 700 nm 处反射率急剧上升形成"红边"现象，该物种的茎、叶在 950 nm 和 1 150 nm 附近有水的窄吸收带，故在此波段内反射光谱曲线呈现波状起伏的特点。对于冠层（曲线①），近红外光经多层叶片的散射，多数变成反射光，形成高反射率。

短波红外（1 300～2 500 nm）：该谱段光谱反射特征主要受植物含水量强吸收的影响。由于是野外采集，受大气水吸收带影响，1 400 nm 以及 1 900 nm 左右的两个波段范围的数据信噪比很低，未在图中显示。

59 山野豌豆

Vicia amoena Fisch. ex DC.（豆科 野豌豆属）

形态特征

　　株: 高 0.3～1 m,全株疏被柔毛,稀近无毛;**茎:** 茎具棱,多分枝,斜升或攀缘;**叶:** 偶数羽状复叶长 5～12 cm,几无柄,卷须有 2～3 个分支;托叶半箭头形,边缘有 3～4 裂齿,长 1～2 cm;小叶 4～7 对,互生或近对生,革质,椭圆形或卵状披针形,长 1.3～4 cm;上面被贴伏长柔毛,下面粉白色,沿中脉毛被较密,先端圆或微凹,侧脉羽状开展,直达叶缘;**花:** 总状花序通常长于叶;具 10～20(30)朵密生的花;花冠红紫、蓝紫或蓝色;花萼斜钟状,萼齿近三角形,上萼齿明显短于下萼齿;旗瓣倒卵圆形,长 1～1.6 cm,瓣柄较宽,翼瓣与旗瓣近等长,瓣片斜倒卵形,龙骨瓣短于翼瓣;子房无毛,花柱上部四周被毛,子房柄长约 0.4 cm;**果:** 荚果长圆形,长 1.8～2.8 cm,两端渐尖,无毛;**种子:** 1～6,圆形,深褐色,具花斑。

　　花期: 4—6 月;**果期:** 7—10 月。

产地生境

　　国内产地: 黑龙江、吉林、辽宁、内蒙古、河北、山东、河南、山西、陕西、甘肃、宁夏、青海、西藏、云南、四川、湖北、安徽、江苏。

　　生境: 河滩、岸边、山坡、林缘、灌丛湿地。

十一、远志科 Polygalaceae

60 远 志　　*Polygala tenuifolia* Willd.（远志科 远志属）

形态特征

　　株: 高 50 cm; **茎:** 茎被柔毛; **叶:** 叶纸质, 线形或线状披针形, 长 1～3 cm, 宽 0.5～1（3）mm, 先端渐尖, 基部楔形, 无毛或极疏被微柔毛; 近无柄; **花:** 扁侧状顶生总状花序, 长 5～7 cm, 少花; 小苞片早落; 萼片宿存, 无毛, 外 3 枚线状披针形; 花瓣紫色, 基部合生, 侧瓣斜长圆形, 基部内侧被柔毛, 龙骨瓣稍长, 具流苏状附属物; 花丝 3/4 以下合生成鞘, 3/4 以上中间 2 枚分离, 两侧各 3 枚合生; **果:** 果球形, 径 4 mm, 具窄翅, 无缘毛; 种子密被白色柔毛, 种阜 2 裂下延。

　　花果期: 5—9 月。

产地生境

　　国内产地: 甘肃、河北、黑龙江、河南、江苏、江西、辽宁、内蒙古、宁夏、青海、陕西、山西、四川。

　　生境: 草原、山坡草地、灌丛中以及杂木林下。

十二、蔷薇科 Rosaceae

61 地 榆 　*Sanguisorba officinalis* L.（蔷薇科 地榆属）

形态特征

　　株: 高 1.2 m; **茎:** 茎有棱, 无毛或基部有稀疏腺毛; **叶:** 基生叶为羽状复叶, 小叶 4～6 对, 叶柄无毛或基部有稀疏腺毛; 小叶有短柄, 卵形或长圆状卵形, 长 1～7 cm, 先端圆钝稀急尖, 基部心形或浅心形, 有粗大圆钝稀急尖锯齿, 两面绿色, 无毛; 茎生叶较少, 小叶有短柄或几无柄, 长圆形或长圆状披针形, 基部微心形或圆, 先端急尖; 基生叶托叶膜质, 褐色, 外面无毛或被稀疏腺毛, 茎生叶托叶草质, 半卵形, 有尖锐锯齿; **花:** 穗状花序椭圆形、圆柱形或卵凰形, 直立, 长 1～3 (4) cm, 从花序顶端向下开放, 花序梗光滑或偶有稀疏腺毛; 苞片膜质, 披针形, 比萼片短或近等长, 背面及边缘有柔毛; 萼片 4, 紫红色, 椭圆形或宽卵形, 背面被疏柔毛, 雄蕊 4, 花丝丝状, 与萼片近等长或稍短; 子房无毛或基部微被毛, 柱头盘形, 具流苏状乳头; **果:** 瘦果包藏宿存萼筒内, 有 4 棱。

　　花果期: 7—10 月。

产地生境

　　国内产地: 黑龙江、吉林、辽宁、内蒙古、河北、山西、陕西、甘肃、青海、新疆、山东、河南、江西、江苏、浙江、安徽、湖南、湖北、广西、四川、贵州、云南、西藏。

　　生境: 生草原、草甸、山坡草地、灌丛中、疏林下。

光谱曲线

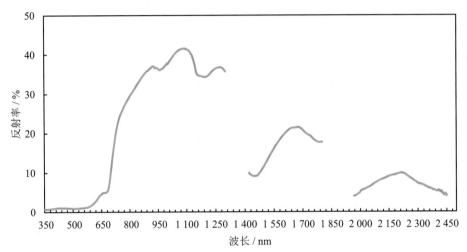

———①花-花期（呼伦贝尔）

①2022 年 8 月 11 日
14:51

可见光-近红外（350～1 300 nm）：该谱段的反射特征受光的吸收和散射特征影响。可见光的反射特征主要反映了植物色素的吸收水平。近红外的反射特征主要反映了植物叶片、冠层的散射程度以及对于水分的吸收情况，在 700 nm 处反射率急剧上升形成"红边"现象，该物种的花在 950 nm 和 1 150 nm 附近有水的窄吸收带，反射光谱曲线呈现波状起伏的特点。

短波红外（1 300～2 500 nm）：该谱段光谱反射特征主要受植物含水量强吸收的影响。由于是野外采集，受大气水吸收带影响，1 400 nm 以及 1 900 nm 左右的两个波段范围的数据信噪比很低，未在图中显示。

62 星毛委陵菜 *Potentilla acaulis* L.（蔷薇科 委陵菜属）

形态特征

株： 高 15 cm，植株灰绿色；**根：** 根圆柱形，多分枝；**茎：** 花茎丛生，密被星状毛及开展微硬毛；**叶：** 基生叶掌状 3 出复叶，连叶柄长 1.5～7 cm，叶柄密被星状毛及微硬毛，小叶常有短柄或几无柄，小叶倒卵状椭圆形或菱状倒卵形，先端圆钝，基部楔形，每边有 4～6 个圆钝锯齿，两面灰绿色，密被星状毛及微硬毛，下面沿脉较密；茎生叶 1～3，小叶与基生小叶相似；基生叶托叶膜质，淡褐色，被星状毛及微硬毛，茎生叶托叶草质，灰绿色，带形或带状披针形，外被星状毛；**花：** 顶生花 1～2 朵或 2～5 朵成聚伞花序；花梗长 1～2 cm，密被星状毛及疏柔毛；花径 1.5 cm；萼片三角状卵形，副萼片椭圆形，先端圆钝，稀 2 裂，外面密被星状毛及疏柔毛；花瓣黄色、倒卵形，先端微凹或圆钝，比萼片长约 1 倍；花柱近顶生，基部有乳头，柱头微扩大；**果：** 瘦果近肾形，径约 1 mm，有不明显脉纹。

花果期： 4—8 月。

产地生境

国内产地： 黑龙江、内蒙古、河北、山西、陕西、甘肃、青海、新疆。

生境： 山坡草地、沙原草滩、黄土坡、多砾石瘠薄山坡。

无人机拍摄

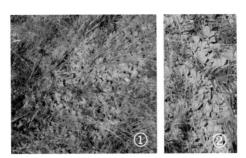

机型： DJI Mini3 Pro；**飞行高度：** 2 m；**拍摄角度：** ①：60°，②：45°；**时间：** 2022 年 8 月 11 日；**地点：** 呼伦贝尔。

光谱曲线

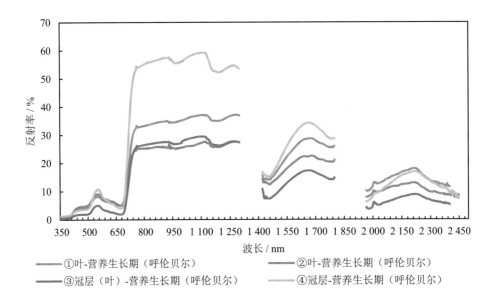

①2022 年 7 月 2 日　　②2022 年 8 月 11 日　　③2022 年 7 月 2 日　　④2022 年 8 月 12 日
16:56　　　　　　　16:47　　　　　　　17:08　　　　　　　10:35

　　可见光-近红外（350～1 300 nm）：该谱段的反射特征受光的吸收和散射特征影响。可见光的反射特征主要反映了植物色素的吸收水平，在 550 nm 处反射率呈现较高的反射峰。近红外的反射特征主要反映了植物叶片、冠层的散射程度以及对于水分的吸收情况，在 700 nm 处反射率急剧上升形成"红边"现象，该物种的叶和冠层在此波段内有水的窄吸收带，反射光谱曲线呈现波状起伏的特点。对于冠层（曲线④），近红外光经多层叶片的散射，多数变成反射光，形成高反射率。

　　短波红外（1 300～2 500 nm）：该谱段光谱反射特征主要受植物含水量强吸收的影响。由于是野外采集，受大气水吸收带影响，1 400 nm 以及 1 900 nm 左右的两个波段范围的数据信噪比很低，未在图中显示。

63 菊叶委陵菜 *Potentilla tanacetifolia* Willd. ex Schlecht.（蔷薇科 委陵菜属）

形态特征

　　根： 根粗壮，圆柱形；**茎：** 花茎直立或上升，高 15～65 cm，被长柔毛、短柔毛或卷曲柔毛，并被稀疏腺体，有时脱落；**叶：** 基生叶羽状复叶，有小叶 5～8 对，叶柄被长柔毛，短柔毛或卷曲柔毛，有稀疏腺体，稀脱落，叶脉伏生柔毛，或被稀疏腺毛；茎生叶与基生叶相似，唯小叶对数较少；基生叶托叶膜质，褐色，外被疏柔毛，茎生叶托叶革质，绿色，边缘深撕裂状；**果**：瘦果卵球形，长 2.5 mm，具脉纹。

花果期：5—10 月。

产地生境

国内产地：黑龙江、吉林、辽宁、内蒙古、河北、山西、陕西、甘肃、山东。

生境：山坡草地、低洼地、沙地、草原、丛林边及黄土高原。

无人机拍摄

机型：DJI Mini3 Pro；**飞行高度**：①：2 m，②③：1 m；**拍摄角度**：①③：60°，②：45°；**时间**：2022 年 8 月 11 日；**地点**：呼伦贝尔。

光谱曲线

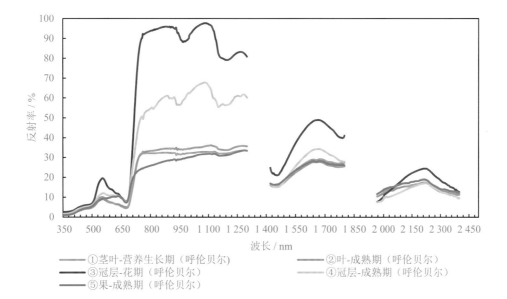

①茎叶-营养生长期（呼伦贝尔）　②叶-成熟期（呼伦贝尔）
③冠层-花期（呼伦贝尔）　④冠层-成熟期（呼伦贝尔）
⑤果-成熟期（呼伦贝尔）

①2022 年 7 月 2 日
16:30

②2022 年 8 月 11 日
12:53

③2022 年 7 月 2 日
15:43

④2022 年 8 月 12 日
12:22

⑤2022 年 8 月 11 日
13:01

　　可见光-近红外（350～1 300 nm）：该谱段的反射特征受光的吸收和散射特征影响。可见光的反射特征主要反映了植物色素的吸收水平，在 550 nm 处反射率呈现较高的反射峰。近红外的反射特征主要反映了植物叶片、冠层的散射程度以及对于水分的吸收情况，在 700 nm 处反射率急剧上升形成"红边"现象，该物种的茎、叶、冠层在 950 nm 和 1 150 nm 附近有水的窄吸收带，反射光谱曲线呈现波状起伏的特点，花期冠层（曲线②）在此波段内反射率较高。

　　短波红外（1 300～2 500 nm）：该谱段光谱反射特征主要受植物含水量强吸收的影响。相比其他器官，花期冠层的光谱曲线（曲线②）起伏特征更明显，光谱反射率更高。由于是野外采集，受大气水吸收带影响，1 400 nm 以及 1 900 nm 左右的两个波段范围的数据信噪比很低，未在图中显示。

64 轮叶委陵菜 *Potentilla verticillaris* Steph. ex Willd.（蔷薇科 委陵菜属）

形态特征

　　根：圆柱形，向下延伸生长，深达 20 cm 以上；**茎：**花茎丛生，直立，高 5～16 cm，被白色绒毛及长柔毛；**叶：**基生叶有 3～5 小叶，小叶羽状深裂或掌状深裂近叶轴成假轮生状，下部小叶比上部小叶稍短，裂片带形或窄带形，长 0.5～3 cm，先端急尖或圆钝，基部楔形，边缘反卷，上面绿色，被疏柔毛或脱落近无毛，下面被白色绒毛，沿脉疏被白色长柔毛；茎生叶 1～2，掌状 3～5 全裂，裂片带形；**果：**瘦果，光滑。

花果期：5—8 月。

产地生境

国内产地：黑龙江、吉林、内蒙古、河北。

生境：干旱山坡、河滩沙地、草原及灌丛下。

无人机拍摄

机型：DJI Mini3 Pro；**飞行高度：**1 m；**拍摄角度：**90°；**时间：**2022 年 8 月 11 日；**地点：**呼伦贝尔。

65 毛莓草　　*Sibbaldianthe adpressa*（Bunge）Juz.（蔷薇科 毛莓草属）

形态特征

根: 根木质细长,多分枝;**茎:** 花茎矮小,丛生,高 1.5～12 cm,被绢状糙伏毛;**叶:** 基生叶为羽状复叶,有小叶 2 对,上面 1 对小叶基部下延与叶轴汇合,有时兼有 3 小叶,叶柄被绢状糙伏毛,顶生小叶倒披针形或倒卵状长圆形,先端平截,有(2)3 齿,极稀全缘,基部楔形,稀宽楔形,侧生小叶全缘,披针形或长圆状披针形,先端急尖,基部楔形,上面被贴生稀疏柔毛,或脱落近无毛,下面被绢状糙伏毛;茎生叶 1～2,与基生叶相似;**花:** 花 5 数,径 0.6～1 cm;萼片三角状卵形,副萼片长椭圆形,比萼片稍长或稍短,外面被绢状糙伏毛;花瓣黄或白色,倒卵状长圆形;雄蕊 10,与萼片等长或稍短;花柱近基生;**果:** 瘦果有明显皱纹。

花果期:5—8 月。

产地生境

国内产地: 黑龙江、内蒙古、河北、甘肃、青海、新疆、西藏。

生境: 农田边、山坡草地、砾石地及河滩地。

66 鸡冠茶 *Sibbaldianthe bifurca*（L.）Kurtto & T. Erikss.（蔷薇科 毛莓草属）

形态特征

　　株：多年生草本或亚灌木；**叶：**基生叶羽状复叶，有 5～8 对小叶，最上面 2～3 对小叶基部下延与叶轴汇合，连叶柄长 3～8 cm，叶柄密被疏柔毛和微硬毛；小叶无柄，对生，稀互生，椭圆形或倒卵状椭圆形，长 0.5～1.5 cm，先端 2～3 裂，基部楔形或宽楔形，两面贴生疏柔毛；下部叶的托叶膜质，褐色，被微硬毛或脱落几无毛；上部茎生叶的托叶草质，绿色，卵状椭圆形，有齿或全缘；**花：**花茎直立或上升，高达 20 cm，被疏柔毛或硬毛；**果：**瘦果，光滑。

　　花果期：5—9 月。

产地生境

　　国内产地：黑龙江、内蒙古、河北、山西、陕西、甘肃、宁夏、新疆、青海、四川、西藏。

　　生境：道旁、沙滩、山坡草地、黄土坡上、半干旱荒漠草原或疏林下。

无人机拍摄

　　机型：DJI Mini3 Pro；**飞行高度：**1 m；**拍摄角度：**75°；**时间：**2022 年 8 月 11 日；**地点：**呼伦贝尔。

光谱曲线

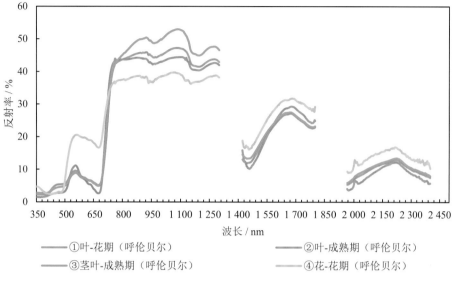

①叶-花期（呼伦贝尔）　　　　②叶-成熟期（呼伦贝尔）
③茎叶-成熟期（呼伦贝尔）　　④花-花期（呼伦贝尔）

①2022 年 8 月 13 日 12:57

②2022 年 8 月 11 日 17:32

③2022 年 8 月 13 日 12:21

④2022 年 8 月 13 日 12:52

可见光-近红外（350～1 300 nm）：该谱段的反射特征受光的吸收和散射特征影响。可见光的反射特征主要反映了植物色素的吸收水平，相较于该物种的花（曲线④）而言，叶、茎（曲线①、曲线②和曲线③）的叶绿素含量较高，在 550 nm 处反射率呈现较高的反射峰。近红外的反射特征主要反映了植物叶片、冠层的散射程度以及对于水分的吸收情况，在 700 nm 处反射率急剧上升形成"红边"现象，该物种的茎、叶和花在 950 nm 和 1 150 nm 附近有水的窄吸收带，反射光谱曲线呈现波状起伏的特点。

短波红外（1 300～2 500 nm）：该谱段光谱反射特征主要受植物含水量强吸收的影响。相比该物种的茎叶，花的光谱曲线（曲线③）起伏特征更明显。由于是野外采集，受大气水吸收带影响，1 400 nm 以及 1 900 nm 左右的两个波段范围的数据信噪比很低，未在图中显示。

十三、大戟科 Euphorbiaceae

67 乳浆大戟

Euphorbia esula L.（大戟科 大戟属）

形态特征

　　株：高 60 cm；**根：**根圆，不分枝或分枝，常曲折，褐色或黑褐色；**茎：**茎单生或丛生，单生时自基部多分枝，直径 3～5 mm；不育枝常发自基部，较矮，有时发自叶腋；**叶：**叶线形或卵形，长 2～7 cm，宽 4～7 mm，先端尖或钝尖，基部楔形或平截；无叶柄；不育枝叶常为松针状，长 2～3 cm，径约 1 mm，无柄；**花：**花序单生于歧分枝顶端，无梗；总苞钟状，高约 3 mm，边缘 5 裂，裂片半圆形至三角形，边缘及内侧被毛，腺体 4，新月形，两端具角，角长而尖或短钝，褐色；**果：**蒴果三棱状球形，长 5～6 mm，具 3 纵沟花柱宿存；**种子：**卵圆形，长 2.5～3 mm，黄褐色；种阜盾状，无柄。

　　花果期：4—10 月。

产地生境

　　国内产地：除西藏外分布于全国各地。

　　生境：路旁、杂草丛、山坡、林下、河沟边、荒山、沙丘及草地。

光谱曲线

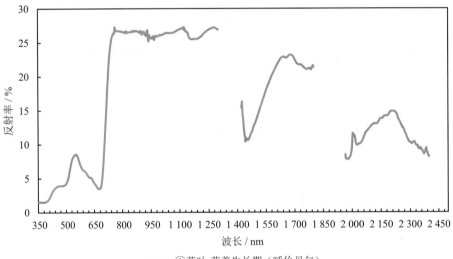

——①茎叶-营养生长期（呼伦贝尔）

①2022 年 7 月 2 日
17:47

可见光-近红外（350～1 300 nm）：该谱段的反射特征受光的吸收和散射特征影响。可见光的反射特征主要反映了植物色素的吸收水平，在 550 nm 处是叶绿素的强反射区，光谱反射率有一处波峰。近红外的反射特征主要反映了植物叶片、冠层的散射程度以及对于水分的吸收情况，在 700 nm 处反射率急剧上升形成"红边"现象，到达峰值时茎叶光谱曲线反射率大于 25%，该物种的茎叶在 950 nm 和 1 150 nm 附近有水的窄吸收带，反射光谱曲线呈现波状起伏的特点。

短波红外（1 300～2 500 nm）：该谱段光谱反射特征主要受植物含水量强吸收的影响。由于是野外采集，受大气水吸收带影响，1 400 nm 以及 1 900 nm 左右的两个波段范围的数据信噪比很低，未在图中显示。

68 地锦草　　　*Euphorbia humifusa* Willd.（大戟科　大戟属）

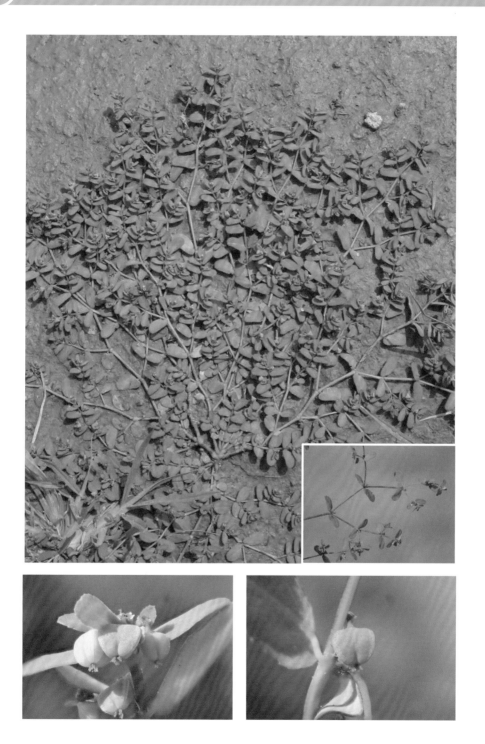

形态特征

根：径 2～3 mm。**茎：**茎匍匐，基部以上多分枝，稀先端斜上伸展，基部常红或淡红色，长达 20～30 cm，被柔毛。**叶：**叶对生，矩圆形或椭圆形，长 5～10 mm，宽 3～6 mm，先端钝圆，基部偏斜，略渐狭，边缘常于中部以上具细锯齿；叶面绿色，叶背淡绿色，有时淡红色，两面被疏柔毛；叶柄极短，长 1～2 mm。**花：**花序单生叶腋；总苞陀螺状，边缘 4 裂，裂片三角形，腺体 4，长圆形，边缘具白或淡红色肾形附属物；雄花数枚，与总苞边缘近等长；雌花 1，子房柄伸至总苞边缘；子房无毛；花柱分离。**果：**蒴果三棱状卵球形，长约 2 mm，直径约 2.2 mm，成熟时分裂为 3 个分果，花柱宿存。**种子：**三棱状卵球形，长约 1.3 mm，直径约 0.9 mm，灰色，每个棱面无横沟，无种阜。

花果期：5—10 月。

产地生境

国内产地：除海南外分布于全国各地。

生境：原野荒地、路旁、田间、沙丘、海滩、山坡等地。

无人机拍摄

机型：DJI Mini3 Pro；**飞行高度：**1 m；**拍摄角度：**45°；**时间：**2022 年 8 月 2 日；**地点：**鄂尔多斯。

光谱曲线

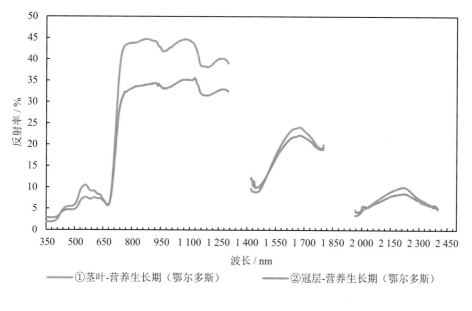

①茎叶-营养生长期（鄂尔多斯）　　　　②冠层-营养生长期（鄂尔多斯）

①2022 年 8 月 2 日
15:32

②2022 年 8 月 2 日
17:36

可见光-近红外（350～1 300 nm）：该谱段的反射特征受光的吸收和散射特征影响。可见光的反射特征主要反映了植物色素的吸收水平，550 nm 处是叶绿素的强反射峰区，故此波段的反射光谱曲线具有波峰的形态。近红外的反射特征主要反映了植物叶片、冠层的散射程度以及对于水分的吸收情况，在 700 nm 处反射率急剧上升形成"红边"现象，该物种的茎叶在 950 nm 和 1 150 nm 附近有水的窄吸收带，反射光谱曲线呈现波状起伏的特点。采集镜头内茎叶（曲线①）较多，近红外光经多层叶片的散射，多数变成反射光，形成高反射率。

短波红外（1 300～2 500 nm）：该谱段光谱反射特征主要受植物含水量强吸收的影响。由于是野外采集，受大气水吸收带影响，1 400 nm 以及 1 900 nm 左右的两个波段范围的数据信噪比很低，未在图中显示。

十四、亚麻科 Linaceae

69 野亚麻　　　　　*Linum stelleroides* Planch.（亚麻科 亚麻属）

形态特征

　　株： 高 90 cm；**茎：** 直立，基部木质化；**叶：** 叶互生，线形，线状披针形或窄倒披针形，长 1～4 cm，宽 1～4 mm，先端钝、尖或渐尖，基部渐窄，两面无毛，基脉 3 出；**花：** 单花或多花组成聚伞花序；花径约 1 cm；萼片 5，长椭圆形或宽卵形，长 3～4 mm，先端尖，基部具不明显 3 脉，有黑色头状腺点，宿存；花瓣 5，淡红、淡紫或蓝紫色，倒卵形，长达 9 mm，先端啮蚀状，基部渐窄，雄蕊 5，与花柱等长；**果：** 蒴果球形或扁球形，径 3～5 mm，有 5 纵沟，室间开裂。

　　花期： 6—9 月；**果期：** 8—10 月。

产地生境

　　国内产地： 江苏、广东、湖北、河南、河北、山东、吉林、辽宁、黑龙江、山西、陕西、甘肃、贵州、四川、青海、内蒙古。

　　生境： 山坡、路旁和荒山地。

十五、牻牛儿苗科 Geraniaceae

70 牻牛儿苗 *Erodium stephanianum* Willd.（牻牛儿苗科 牻牛儿苗属）

形态特征

株： 高 50 cm；**根：** 根为直根，较粗壮，少分枝；**茎：** 茎多数，仰卧或蔓生，被柔毛；**叶：** 叶对生，二回羽状深裂，小裂片卵状条形，全缘或疏生齿，上面疏被伏毛，下面被柔毛，沿脉毛被较密；**花：** 伞形花序具 2～5 花，腋生，花序梗被开展长柔毛和倒向短柔毛；萼片长圆状卵形，长 6～8 mm，先端具长芒，被长糙毛；花瓣紫红色，倒卵形，先端圆或微凹；**果：** 蒴果长约 4 cm，密被糙毛；**种子：** 褐色，具斑点。

花期： 6—8 月；**果期：** 8—9 月。

产地生境

国内产地： 安徽、甘肃、贵州、河北、黑龙江、河南、湖北、湖南、江苏、江西、吉林、辽宁、内蒙古、宁夏、青海、陕西、山东、山西、四川、西藏、新疆。

生境： 山坡、农田边、沙质河滩地和草原凹地等。

光谱曲线

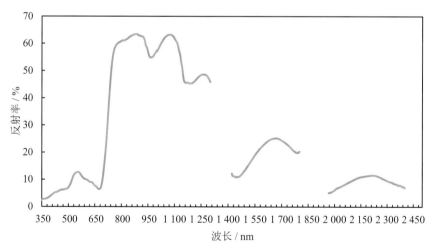

——①茎叶-营养生长期（鄂尔多斯）

①2022 年 8 月 3 日
15:19

可见光-近红外（350～1 300 nm）：该谱段的反射特征受光的吸收和散射特征影响。可见光的反射特征主要反映了植物色素的吸收水平，在 550 nm 处是叶绿素的强反射区，光谱反射率有一处波峰。近红外的反射特征主要反映了植物叶片、冠层的散射程度以及对于水分的吸收情况，在 700 nm 处反射率急剧上升形成"红边"现象，到达峰值时茎叶光谱曲线反射率大于 60%，该物种的茎叶在 950 nm 和 1 150 nm 附近有水的窄吸收带，反射光谱曲线呈现波状起伏的特点。

短波红外（1 300～2 500 nm）：该谱段光谱反射特征主要受植物含水量强吸收的影响。由于是野外采集，受大气水吸收带影响，1 400 nm 以及 1 900 nm 左右的两个波段范围的数据信噪比很低，未在图中显示。

十六、白刺科 Nitrariaceae

71 骆驼蓬　　　　　*Peganum harmala* L.（白刺科 骆驼蓬属）

形态特征

株： 高 30～70 cm，无毛；**根：** 根多数，粗达 2 cm；**茎：** 基部多分枝；**叶：** 叶互生，卵形，全裂为 3～5 条形或披针状条形裂片，裂片长 1～3.5 cm，宽 1.5～3 mm；**花：** 花单生枝端，与叶对生；萼片 5，裂片条形，长 1.5～2 cm，有时仅顶端分裂；花瓣黄白色，倒卵状矩圆形，长 1.5～2 cm，宽 6～9 mm；雄蕊 15，花丝近基部宽展；子房 3 室，花柱3；**果：** 蒴果近球形，稍扁；**种子：** 三棱形，稍弯，黑褐色，被小瘤。

花期：5—6 月；果期：7—9 月。

产地生境

国内产地： 宁夏、内蒙古、甘肃、新疆、西藏。

生境： 荒漠地带干旱草地、绿州边缘轻盐渍化沙地、壤质低山坡或河谷沙丘。

光谱曲线

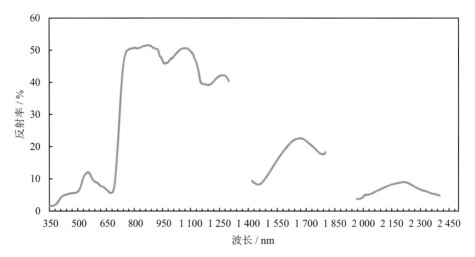

①茎叶-花期（鄂尔多斯）

①2022 年 8 月 3 日
15:51

可见光-近红外（350～1 300 nm）：该谱段的反射特征受光的吸收和散射特征影响。可见光的反射特征主要反映了植物色素的吸收水平，在 550 nm 处是叶绿素的强反射区，光谱反射率有一处波峰。近红外的反射特征主要反映了植物叶片、冠层的散射程度以及对于水分的吸收情况，在 700 nm 处反射率急剧上升形成"红边"现象，到达峰值时茎叶光谱曲线反射率大于 50%，该物种的茎叶在 950 nm 和 1 150 nm 附近有水的窄吸收带，反射光谱曲线呈现波状起伏的特点。

短波红外（1 300～2 500 nm）：该谱段光谱反射特征主要受植物含水量强吸收的影响。由于是野外采集，受大气水吸收带影响，1 400 nm 以及 1 900 nm 左右的两个波段范围的数据信噪比很低，未在图中显示。

十七、芸香科 Rutaceae

72 北芸香　*Haplophyllum dauricum*（L.）G. Don（芸香科 拟芸香属）

形态特征

株：高 50 cm，全株有香气；**叶**：叶厚纸质，线状披针形或窄长圆形，长 0.5～2 cm，先端尖，灰绿色，油腺点甚多，中脉不明显，几无叶柄；**花**：伞房状聚伞花序顶生，多花；苞片线形：萼片长约 1 mm；花瓣黄色，长圆形，边缘膜质，长 6～8 mm，散生半透明油腺点；雄蕊 10，花药长椭圆形；子房（2）3（4）室；**果**：果自顶部开裂，在果柄处分离而脱落，每果瓣 2 种子。

花期：6—7 月；**果期**：8—9 月。

产地生境

国内产地：黑龙江、内蒙古、河北、新疆、宁夏、甘肃、陕西。

生境：生于低海拔山坡、草地或岩石旁。

无人机拍摄

机型： DJI Mini3 Pro；**飞行高度：** 1 m；**拍摄角度：** 45°；**时间：** ①②③⑥：2022 年 7 月 6 日，④⑤⑦：2022 年 8 月 2 日；**地点：** ①②③⑥：锡林浩特，④⑤⑦：鄂尔多斯。

光谱曲线

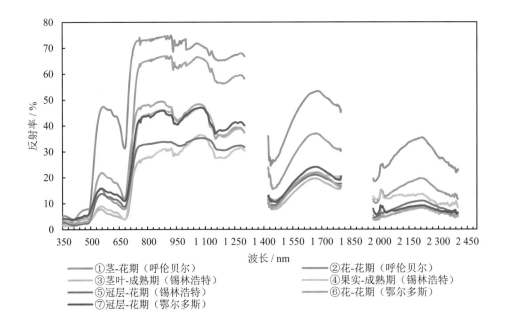

①茎-花期（呼伦贝尔）　　　　　　②花-花期（呼伦贝尔）
③茎叶-成熟期（锡林浩特）　　　　④果实-成熟期（锡林浩特）
⑤冠层-花期（锡林浩特）　　　　　⑥花-花期（鄂尔多斯）
⑦冠层-花期（鄂尔多斯）

①2022 年 7 月 2 日 17:52　②2022 年 7 月 2 日 17:52　③2022 年 8 月 7 日 16:25　④2022 年 8 月 7 日 16:26

⑤2022 年 7 月 6 日 15:17　⑥2022 年 8 月 2 日 10:59　⑦2022 年 8 月 2 日 16:40

可见光-近红外（350～1 300 nm）：该谱段的反射特征受光的吸收和散射特征影响。可见光的反射特征主要反映了植物色素的吸收水平，营养生长期的花（曲线②）相较于其他器官而言，叶绿素含量较少，在 550 nm 处反射率呈现较高的反射峰。近红外的反射特征主要反映了植物叶片、冠层的散射程度以及对于水分的吸收情况，在 700 nm 处反射率急剧上升形成"红边"现象，该物种的茎、叶、花、冠层和果实在此谱段内有水的窄吸收带，反射光谱曲线呈现波状起伏的特点。

短波红外（1 300～2 500 nm）：该谱段光谱反射特征主要受植物含水量强吸收的影响。相比该物种的其他器官，花的光谱曲线（曲线②和曲线⑥）起伏特征更明显，光谱反射率较高。由于是野外采集，受大气水吸收带影响，1 400 nm 以及 1 900 nm 左右的两个波段范围的数据信噪比很低，未在图中显示。

十八、十字花科 Brassicaceae

73 线叶花旗杆 *Dontostemon integrifolius*（L.）Lédeb.（十字花科 花旗杆属）

形态特征

　　株： 高 30 cm；**叶：** 叶互生，有时在茎基部丛生，线形，全缘，长 1.5～4.5 cm，被腺毛和贴生柔毛，近无柄；**花：** 总状花序顶生；花梗纤细，被柔毛和腺毛，常斜着生于花序轴上；萼片长椭圆形，长 2.5～3 mm，具白色膜质边缘，背面被腺毛和柔毛；花瓣淡紫色，倒卵形，长 4～6 mm，先端微凹，基部具爪；长雄蕊花丝成对连合至花药，花丝扁平；**果：** 长角果细圆柱形，长 1.5～2.5 mm，具腺毛；**种子：** 褐色，细小，椭圆形，无膜质边缘；子叶斜缘倚胚根。

　　花果期：7—10 月。

产地生境

　　国内产地： 黑龙江、辽宁、内蒙古、宁夏、陕西、山西。

　　生境： 开阔草原、湖地、山坡沙地及沙丘。

74 小花花旗杆 *Dontostemon micranthus* C. A. Mey.（十字花科 花旗杆属）

形态特征

　　株： 高 45 cm；**茎：** 茎单一或分枝，少数具莲座状基生叶；**叶：** 茎生叶线形，较密集着生，长 1.5～4 cm，全缘，两面被疏毛，边缘具糙毛；**花：** 总状花序顶生；花小；萼片线状披针形，背面被糙毛，长约 2.5 mm，具白色膜质边缘；花瓣淡紫或白色，线状长椭圆形，长 3.5～5 mm，先端钝，基部具爪；**果：** 长角果直或弯曲，长 2～3.5 cm，无毛；果柄斜展；**种子：** 褐色，细小，椭圆形，无膜质边缘。

　　花果期： 6—8 月。

产地生境

　　国内产地： 黑龙江、吉林、辽宁、内蒙古、河北、山西、青海。
　　生境： 山坡草地、河滩、固定沙丘及山沟。

75 独行菜 *Lepidium apetalum* Willd.（十字花科 独行菜属）

形态特征

株：高 30 cm；**茎：**直立，有分枝，被头状腺毛；**叶：**基生叶窄匙形，1 回羽状浅裂或深裂，长 3～5 cm，叶柄长 1～2 cm；茎生叶向上渐由窄披针形至线形，有疏齿或全缘，疏被头状腺毛；无柄；**花：**总状花序；萼片卵形，长约 0.8 mm，早落；花瓣无或退化成丝状，短于萼片；雄蕊 2 或 4；**果：**短角果近圆形或宽椭圆形，长 2～3 mm，顶端微凹，有窄翅；果柄弧形，长约 3 mm，被头状腺毛；**种子：**椭圆形，长约 1 mm，红棕色。

花期：4—8 月；**果期：**5—9 月。

产地生境

国内产地：东北、华北、江苏、浙江、安徽、西北、西南。

生境：山坡、山沟、路旁及村庄附近。

无人机拍摄

机型：DJI Mini3 Pro；**飞行高度：**1 m；**拍摄角度：**45°；**时间：**2022 年 8 月 11 日；**地点：**呼伦贝尔。

76 燥原荠 *Stevenia canescens*（DC.）D.A.German（十字花科 曙南芥属）

形态特征

株： 多年生矮小草本；高 5～40 cm，植株密被小星状毛，分枝毛或分叉毛，灰绿色；**茎：** 直立，或基部稍为铺散而上部直立，近地面处分枝；**叶：** 叶密生，条形或条状披针形，顶端急尖，全缘；**花：** 花序伞房状，果期伸长，花梗长约 3.5 mm；外轮萼片宽于内轮萼片，灰绿色或淡紫色，有白色边缘并有星状缘毛；花瓣白色，宽倒卵形，长 3～5 mm，宽 2～3.5 mm，顶端钝圆，基部渐窄成爪；子房密被小星状毛，花柱长，柱头头状；**果：** 短角果卵形；花柱宿存，长约 2 mm；果梗长 2～5 mm；**种子：** 每室 1 粒，悬垂于室顶，长圆卵形，长约 2 mm，深棕色。

花期： 6—8 月；**果期：** 7—10 月。

产地生境

国内产地： 黑龙江、内蒙古、河北、山西、陕西、甘肃、青海、新疆、西藏。
生境： 干燥石质山坡、草地、草原。

十九、白花丹科 Plumbaginaceae

77 二色补血草 *Limonium bicolor*（Bunge）Kuntze（白花丹科 补血草属）

形态特征

　　株: 高 50 cm; **根:** 根皮不裂; **叶:** 叶基生, 稀花序轴下部具 1～3 叶; 花期: 不落; 叶柄宽, 叶匙形或长圆状匙形, 连叶柄长 3～15 cm, 宽 0.3～3 cm, 先端圆或钝, 基部渐窄; **花:** 花茎单生, 或 2～5, 花序轴及分枝具 3～4 棱角, 有时具沟槽, 稀近基部圆; 花序圆锥状, 不育枝少, 位于花序下部或分叉处; 穗状花序具 3～5（9）小穗, 穗轴二棱形, 小穗具 2～3（5）花; 外苞长 2.5～3.5 mm, 第一内苞长 6～6.5 mm; 萼漏斗状, 长 6～

7 cm，萼筒径约 1 mm，萼檐淡紫红或白色，径 6～7 mm，裂片先端圆；花冠黄色。

花期：5—7 月；果期：6—8 月。

产地生境

国内产地：东北、黄河流域各省区。

生境：主要平原地区，也见于山坡下部、丘陵和海滨，喜含盐的钙质土上或沙地。

二十、蓼科 Polygonaceae

78 叉分蓼 *Koenigia divaricata*（L.）T. M. Schust. & Reveal（蓼科 冰岛蓼属）

形态特征

茎：直立，高 70～120 cm，无毛，自基部分枝，分枝呈叉状，开展，植株外型呈球形；**叶：**叶披针形或长圆形，长 5～12 cm，宽 0.5～2 cm，顶端急尖，基部楔形或狭楔形，边缘通常具短缘毛，两面无毛或被疏柔毛；叶柄长约 0.5 cm；托叶鞘膜质，偏斜，长 1～2 cm，疏生柔毛或无毛，开裂，脱落；**花：**花序圆锥状，分枝开展；苞片卵形，边缘膜质，背部具脉，每苞片内具 2～3 花；花梗长 2～2.5 mm，与苞片近等长，顶部具关节；花被5 深裂，白色，花被片椭圆形，长 2.5～3 mm，大小不相等；雄蕊 7～8，比花被短；花柱3，极短，柱头头状；**果：**瘦果宽椭圆形，具 3 锐棱，黄褐色，有光泽，长 5～6 mm，超出宿存花被约 1 倍。

花期：7—8 月；**果期：**8—9 月。

产地生境

国内产地：河北、黑龙江、河南、湖北、吉林、辽宁、内蒙古、青海、山东、山西。

生境：山坡草地、山谷灌丛。

二十一、石竹科 Caryophyllaceae

79 女娄菜　*Silene aprica* Turcx. ex Fisch. et Mey.（石竹科　蝇子草属）

形态特征

株：高 70（100）cm；**根：**主根粗，稍木质；**茎：**茎单生或数个；**叶：**基生叶倒披针形或窄匙形，长 4～7 cm，宽 4～8 mm，基部渐窄成柄状；茎生叶倒披针形、披针形或线状披针形；**花：**圆锥花序；花梗长 0.5～2（4）cm，直立；苞片披针形，渐尖，草质，具缘毛；花萼卵状钟形，长 6～8 mm，密被柔毛，果期长达 1.2 cm，纵脉绿色，萼齿三角状披针形；雌雄蕊柄极短或近无，被柔毛；花瓣白或淡红色，爪倒披针形，长 7～9 mm，具缘毛，瓣片倒卵形，2 裂；副花冠舌状；花丝基部具缘毛，雄蕊及花柱内藏；**果：**蒴果卵圆形；**种子：**圆肾形，具小瘤。

花期：5—7 月；**果期：**6—8 月。

产地生境

国内产地：我国大部分省区。

生境：生于平原、丘陵或山地。

光谱曲线

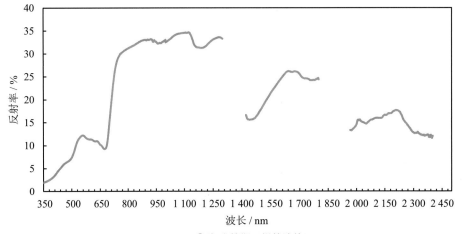

——①穗-成熟期（锡林浩特）

①2022 年 7 月 6 日
16:54

可见光-近红外（350～1 300 nm）：该谱段的反射特征受光的吸收和散射特征影响。可见光的反射特征主要反映了植物色素的吸收水平，在 550 nm 处是叶绿素的强反射区，光谱反射率有一处波峰。近红外的反射特征主要反映了植物叶片、冠层的散射程度以及对于水分的吸收情况，在 700 nm 处反射率急剧上升形成"红边"现象，到达峰值时穗的光谱曲线反射率大于 30%，该物种的穗在 950 nm 和 1 150 nm 附近有水的窄吸收带，反射光谱曲线呈现波状起伏的特点。

短波红外（1 300～2 500 nm）：该谱段光谱反射特征主要受植物含水量强吸收的影响。由于是野外采集，受大气水吸收带影响，1 400 nm 以及 1 900 nm 左右的两个波段范围的数据信噪比很低，未在图中显示。

80 山蚂蚱草　　　　*Silene jenisseensis* Willd.（石竹科 蝇子草属）

形态特征

　　株：高 60 cm；**茎：**茎丛生，不分枝；**叶：**基生叶簇生，倒披针状线形，长 5～13 cm，宽 2～7 mm，基部渐窄成长柄状，基部具缘毛；茎生叶少，较小，基部微抱茎；**花：**假轮伞状圆锥花序；花梗长 0.4～2 cm；苞片卵形或披针形，基部微连合；花萼钟形，后期微膨大，长 0.8～1（1.2）cm，纵脉绿色，有时带紫色，萼齿三角形，先端尖或渐尖；雌雄蕊柄长 2～3 mm；花瓣白或淡绿色，长 1.2～1.8 cm，瓣片和爪近等长，爪倒披针形，瓣片叉状 2 裂达中部，裂片窄长圆形；副花冠长椭圆形；雄蕊伸出；花柱 3，伸出；**果：**蒴果卵圆形，长 6～7 mm，短于宿萼；**种子：**肾形，灰褐色，长约 1 mm，脊具浅槽。

　　花期：7—8 月；**果期：**8—9 月。

产地生境

　　国内产地：黑龙江、吉林、辽宁、河北、内蒙古、山西。

生境： 高山砾石滩或林下草地。

光谱曲线

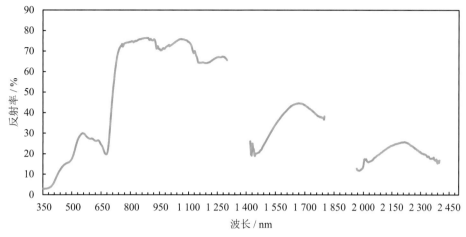

①2022 年 7 月 2 日
15:54

可见光-近红外（350～1 300 nm）：该谱段的反射特征受光的吸收和散射特征影响。可见光的反射特征主要反映了植物色素的吸收水平，在 550 nm 处是叶绿素的强反射区，光谱反射率有一处波峰。近红外的反射特征主要反映了植物叶片、冠层的散射程度以及对于水分的吸收情况，在 700 nm 处反射率急剧上升形成"红边"现象，到达峰值时茎花的光谱曲线反射率大于 70%，该物种的花在 950 nm 和 1 150 nm 附近有水的窄吸收带，反射光谱曲线呈现波状起伏的特点。

短波红外（1 300～2 500 nm）：该谱段光谱反射特征主要受植物含水量强吸收的影响。由于是野外采集，受大气水吸收带影响，1 400 nm 以及 1 900 nm 左右的两个波段范围的数据信噪比很低，未在图中显示。

81 石 竹　　　　　*Dianthus chinensis* L.（石竹科 石竹属）

形态特征

株： 高 50 cm；**茎：** 茎疏丛生；**叶：** 叶线状披针形，长 3～5 cm，宽 2～4 cm，先端渐尖，基部稍窄，全缘或具微齿；**花：** 花单生或成聚伞花序；花梗长 1～3 cm；苞片 4，卵形，长渐尖，长达花萼 1/2 以上；花萼筒形，长 1.5～2.5 cm，径 4～5 mm，具纵纹，萼齿披针形，长约 5 mm，先端尖；花瓣长 1.6～1.8 cm，瓣片倒卵状三角形，长 1.3～1.5 cm，紫红、粉红、鲜红或白色，先端不整齐齿裂，喉部具斑纹，疏生髯毛；雄蕊筒形，包于宿萼内，顶端 4 裂；**果：** 种子扁圆形。

花期： 5—6 月；**果期：** 7—9 月。

产地生境

国内产地： 原产我国北方地区，现在南北普遍均有生长。

生境： 山坡、海边。

无人机拍摄

机型： DJI Mini3 Pro；**飞行高度：** 1 m；**拍摄角度：** 60°；**时间：** 2022 年 8 月 11 日；**地点：** 呼伦贝尔。

光谱曲线

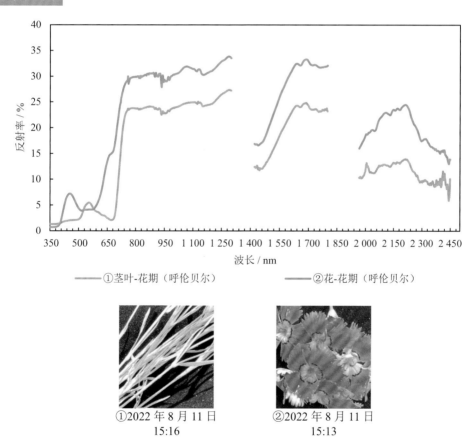

————①茎叶-花期（呼伦贝尔）　　　　————②花-花期（呼伦贝尔）

①2022 年 8 月 11 日
15:16

②2022 年 8 月 11 日
15:13

可见光-近红外（350～1 300 nm）：该谱段的反射特征受光的吸收和散射特征影响。可见光的反射特征主要反映了植物色素的吸收水平，相较于该物种的花（曲线②）而言，茎叶（曲线①）的叶绿素含量较高，在蓝、红光体现了强吸收，在绿光体现出小的反射峰。近红外的反射特征主要反映了植物叶片、冠层的散射程度以及对于水分的吸收情况，在700 nm 处反射率急剧上升形成"红边"现象，该物种的茎叶、花在 950 nm 和 1 150 nm 附近有水的窄吸收带，反射光谱曲线呈现波状起伏的特点。

短波红外（1 300～2 500 nm）：该谱段光谱反射特征主要受植物含水量强吸收的影响。相比茎叶（曲线①），该物种花的光谱曲线（曲线②）起伏特征更明显，光谱反射率更高。由于是野外采集，受大气水吸收带影响，1 400 nm 以及 1 900 nm 左右的两个波段范围的数据信噪比很低，未在图中显示。

二十二、苋科 Amaranthaceae

82 兴安虫实

Corispermum chinganicum Iljin（苋科　虫实属）

形态特征

茎： 直立，高 50 cm，多分枝；枝外倾或上升，圆柱形；**叶：** 叶线形，长 2～5 cm，宽 2～3 mm，先端渐尖，具小尖头，基部渐窄，1 脉；**花：** 穗状花序圆柱形，花排列紧密，长 2～5 cm，径 0.7～1 cm；苞片长圆状披针形，先端短渐尖，基部楔形，边缘宽膜质，3 脉，稍开展，完全掩盖果实；花被具 3 花被片，近轴的 1 片长圆形，远轴的 2 片较小，近三角形；雄蕊 5，花丝长于花被片；**果：** 胞果倒卵状长圆形，长约 3 mm，径约 2 mm，顶端急尖，基部宽楔形，黑褐色，无毛，边翅窄。

花果期： 6—8 月。

产地生境

国内产地： 黑龙江、吉林、辽宁、河北、内蒙古、宁夏、甘肃。

生境： 湖边沙丘、半固定沙丘或草原。

83 轴藜

Axyris amaranthoides L.（苋科 轴藜属）

形态特征

　　茎: 直立，粗壮，高 80 cm；分枝多在茎中部以上，茎直，斜上；**叶:** 叶披针形或窄椭圆形，长 3～7 cm，宽 0.5～1.5 cm，先端渐尖，基部渐窄，下面常密生星状毛；叶柄长 2～5 mm；**花:** 雄花花序生于枝端，长 0.5～3 cm；雄花花被椭圆形或窄倒卵形，膜质，常 3 深裂，裂片线形或窄长圆形，长 1～1.2 mm，先端尖，有毛；雄蕊 3；雌花花被具 3 个花被片，花被片宽卵形或长圆形，长 3～4 mm；**果:** 胞果长 2～3 mm，无毛，顶端附属物冠状。

　　花果期: 8—9 月。

产地生境

　　国内产地: 黑龙江、吉林、辽宁、河北、山西、内蒙古、陕西、甘肃、青海、新疆。

　　生境: 喜沙质地，常见于山坡、草地、荒地、河边、田间或路旁。

84 刺 藜　　　　　　　　*Teloxys aristata*（L.）Moq.（苋科 刺藜属）

形态特征

株： 无毛，无粉粒；**茎：** 直立，高 40 cm，多分枝，枝具条棱及色条；**叶：** 叶线形或窄披针；长达 7 cm，宽约 1 cm，全缘，先端渐尖，基部缢缩成短柄，中脉明显；**花：** 复二歧式聚伞花序生于枝端及叶腋，末端分枝针刺状；花两性，几无梗；花被近球形，5 深裂，裂片窄椭圆形，背部稍肥厚，具膜质边缘，果时开展；**果：** 胞果顶基扁，圆形；果皮透明膜质，与种子贴生；**种子：** 横生，周边平截或有棱。

花期： 8—9 月；**果期：** 10 月。

产地生境

国内产地： 黑龙江、吉林、辽宁、内蒙古、河北、山东、山西、河南、陕西、宁夏、甘肃、四川、青海、新疆。

生境： 为农田杂草，多高粱、玉米、谷子田间，有时也见于山坡、荒地等处。

光谱曲线

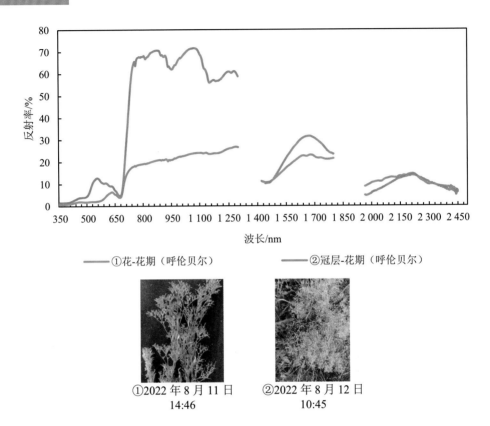

①2022 年 8 月 11 日
14:46

②2022 年 8 月 12 日
10:45

可见光-近红外（350～1 300 nm）：该谱段的反射特征受光的吸收和散射特征影响。可见光的反射特征主要反映了植物色素的吸收水平，550 nm 处是叶绿素的强反射峰区，故此波段的反射光谱曲线具有波峰的形态。近红外的反射特征主要反映了植物叶片、冠层的散射程度以及对于水分的吸收情况，在 700 nm 处反射率急剧上升形成"红边"现象，该物种的花和冠层在 950 nm 和 1 150 nm 附近有水的窄吸收带，故在此波段内反射光谱曲线呈现波状起伏的特点。对于冠层（曲线②），近红外光经多层叶片的散射，多数变成反射光，形成高反射率。

短波红外（1 300～2 500 nm）：该谱段光谱反射特征主要受植物含水量强吸收的影响。由于是野外采集，受大气水吸收带影响，1 400 nm 以及 1 900 nm 左右的两个波段范围的数据信噪比很低，未在图中显示。

85 尖头叶藜 *Chenopodium acuminatum* Willd.（苋科 藜属）

形态特征

茎： 直立，高 80 cm，多分枝，具条棱及色条；**叶：** 叶宽卵形或卵形，长 2～4 cm，宽 1～3 cm，先端尖或短渐尖，具短尖头，基部宽楔形、圆或近平截，上面无粉粒，淡绿色，下面稍被粉粒，呈灰白色，全缘，具半透明环边；叶柄长 1.5～2.5 cm；**花：** 团伞花序于枝上部组成紧密或有间断的穗状或穗状圆锥花序，花序轴具圆柱状粉粒；**果：** 胞果顶基扁，圆形或卵形；**种子：** 横生，径约 1 mm，黑色，有光泽，稍具点纹饰。

花期： 6—7 月；**果期：** 8—9 月。

产地生境

国内产地： 黑龙江、吉林、辽宁、内蒙古、河北、山东、浙江、河南、山西、陕西、宁夏、甘肃、青海、新疆。

生境： 生于荒地、河岸或田边。

光谱曲线

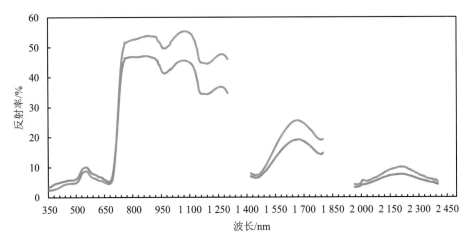

———①冠层（叶）-营养生长期（锡林浩特）　———②茎叶-成熟期（鄂尔多斯）

①2022 年 7 月 6 日　　②2022 年 8 月 3 日
16:29　　　　　　　15:07

　　可见光-近红外（350～1 300 nm）：该谱段的反射特征受光的吸收和散射特征影响。可见光的反射特征主要反映了植物色素的吸收水平，550 nm 处是叶绿素的强反射峰区，故此波段的反射光谱曲线具有波峰的形态。近红外的反射特征主要反映了植物叶片、冠层的散射程度以及对于水分的吸收情况，在 700 nm 处反射率急剧上升形成"红边"现象，该物种的茎、叶在 950 nm 和 1 150 nm 附近有水的窄吸收带，故在此波段内反射光谱曲线呈现波状起伏的特点。对于冠层（曲线①），近红外光经多层叶片的散射，多数变成反射光，形成高反射率。

　　短波红外（1 300～2 500 nm）：该谱段光谱反射特征主要受植物含水量强吸收的影响。相比茎叶（曲线②），冠层的光谱曲线（曲线①）起伏特征更明显。由于是野外采集，受大气水吸收带影响，1 400 nm 以及 1 900 nm 左右的两个波段范围的数据信噪比很低，未在图中显示。

86 藜   *Chenopodium album* L.（苋科 藜属）

形态特征

株：高 30～150 cm；茎：直立，粗壮，高 1.5 m，具条棱及色条，多分枝；叶：叶菱状卵形或宽披针形，长 3～6 cm，宽 2.5～5 cm，先端尖或微钝，基部楔形或宽楔形，具不整齐锯齿；叶柄与叶近等长，或为叶长 1/2；花：花两性；常数个团集，于枝上部组成穗状圆锥状或圆锥状花序；花被扁球形或球形，5 深裂，裂片宽卵形或椭圆形，背面具纵脊，先端钝或微凹，边缘膜质；雄蕊 5，外伸；柱头 2；果：胞果果皮与种子贴生；种子：横生，双凸镜状，直径 1.2～1.5 mm，边缘钝，黑色，有光泽，表面具浅沟纹；胚环形。

花果期：5—10 月。

产地生境

国内产地：我国各地均有分布。

生境：路旁、荒地及田间，为很难除掉的杂草。

87 雾冰藜　*Grubovia dasyphylla*（Fisch. & C. A. Mey.）Freitag & G. Kadereit

（苋科 雾冰藜属）

形态特征

　　株： 高 50 cm；**茎：** 直立，基部分枝，形成球形植物体，密被伸展长柔毛；**叶：** 叶圆柱状，稍肉质，长 0.5～1.5 cm，径 1～1.5 mm，有毛；**花：** 花 1（2）朵腋生，花下具念珠状毛束；花被果时顶基扁，花被片附属物钻状，长约 2 mm，先端直伸，呈五角星状；雄蕊 5，花丝丝形，外伸；子房卵形，柱头 2，丝形，花柱很短；**果：** 胞果卵圆形，褐色；**种子：** 近圆形，径约 1.5 mm，光滑，外胚乳粉质。

　　花果期： 7—9 月。

产地生境

　　国内产地： 黑龙江、吉林、辽宁、山东、河北、山西、陕西、甘肃、内蒙古、青海、新疆、西藏。

生境： 戈壁、盐碱地、沙丘、草地、河滩、阶地及洪积扇上。

光谱曲线

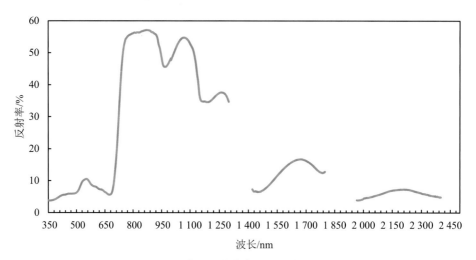

———— ①冠层-营养生长期（鄂尔多斯）

①2022 年 8 月 3 日
15:03

可见光-近红外（350～1 300 nm）：该谱段的反射特征受光的吸收和散射特征影响。可见光的反射特征主要反映了植物色素的吸收水平，在 550 nm 处是叶绿素的强反射区，光谱反射率有一处波峰。近红外的反射特征主要反映了植物叶片、冠层的散射程度以及对于水分的吸收情况，在 700 nm 处反射率急剧上升形成"红边"现象，到达峰值时茎叶光谱曲线反射率大于 35%，该物种的茎叶在 950 nm 和 1 150 nm 附近有水的窄吸收带，反射光谱曲线呈现波状起伏的特点。

短波红外（1 300～2 500 nm）：该谱段光谱反射特征主要受植物含水量强吸收的影响。由于是野外采集，受大气水吸收带影响，1 400 nm 以及 1 900 nm 左右的两个波段范围的数据信噪比很低，未在图中显示。

88 木地肤

Bassia prostrata（L.）Beck（苋科 沙冰藜属）

形态特征

株：高 80 cm；**茎：**木质茎高不及 10 cm，黄褐或带黑褐色；当年生枝淡黄褐或带淡紫红色，常密生柔毛，分枝疏；**叶：**叶线形，稍扁平，常数个簇生短枝，长 0.8～1 cm，宽 1～1.5 mm，基部稍窄，无柄，脉不明显；**花：**花两性兼有雌性，常 2～3 朵簇生叶腋，于当年枝上部集成穗状花序；花被球形，有毛，花被裂片卵形或长圆形，先端钝，内弯；翅状附属物扇形或倒卵形，膜质，具紫红或黑褐色细脉，具不整齐圆锯齿或为啮蚀状；柱头 2，丝状，紫褐色；**果：**胞果扁球形，果皮厚膜质，灰褐色；**种子：**近圆形，径约 1.5 mm。
花期：7—8 月；**果期：**8—9 月。

产地生境

国内产地：黑龙江、辽宁、内蒙古、河北、山西、陕西、宁夏、甘肃、新疆、西藏。
生境：生于山坡、沙地、荒漠等处。

无人机拍摄

机型：DJI Mini3 Pro；**飞行高度：**1 m；**拍摄角度：**45°；**时间：**2022 年 8 月 8 日；**地点：**锡林浩特。

89 地 肤 *Bassia scoparia*（L.）A.J.Scott（苋科 沙冰藜属）

形态特征

株：高 1 m；茎：直立，基部分枝；被具节长柔毛；叶：叶扁平，线状披针形或披针形，长 2～5 cm，宽 3～7 mm，先端短渐尖，基部渐窄成短柄，常具 3 主脉；花：花被近球形，5 深裂，裂片近角形，翅状附属物角形或倒卵形，边缘微波状或具缺刻：雄蕊 5，花丝丝状，花药长约 1 mm；柱头 2，丝状，花柱极短；**果：**胞果扁，果皮膜质，与种子贴伏；**种子：**卵形或近圆形，径 1.5～2 mm，稍有光泽。

花期：6—9 月；果期：7—10 月。

产地生境

国内产地：全国各地均有分布。

生境：生于田边、路旁、荒地等处。

90 猪毛菜 *Salsola collina* Pall.（苋科 猪毛菜属）

形态特征

　　株：高 1 m；**茎：**直立，基部分枝，具绿色或紫红色条纹；枝伸展，生短硬毛或近无毛；**叶：**叶圆柱状，条形，长 2～5 cm，宽 0.5～1.5 mm，先端具刺尖，基部稍宽并具膜质边缘，下延；**花：**花单生于枝上部苞腋，组成穗状花序；苞片卵形，紧贴于轴，先端渐尖，背面具微隆脊，小苞片窄披针形；花被片卵状披针形，膜质，果时硬化，背面的附属物呈鸡冠状，花被片附属物以上部分近革质，内折，先端膜质；花药长 1～1.5 mm，柱头丝状，花柱很短；**果：**种子横生或斜生。

花期： 7—9 月；**果期：** 9—10 月。

产地生境

国内产地： 西藏、贵州、湖南、云南、北京、安徽、四川、甘肃、山东、陕西、新疆、江苏、内蒙古、青海、辽宁、吉林、黑龙江、宁夏、河北、山西、河南。

生境： 村边、路边及荒芜场所。

无人机拍摄

机型： DJI Mini3 Pro；**飞行高度：** 1 m；**拍摄角度：** 45°；**时间：** 2022 年 8 月 2 日；**地点：** 鄂尔多斯。

光谱曲线

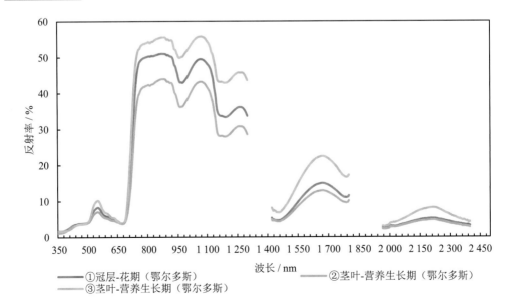

①冠层-花期（鄂尔多斯）　②茎叶-营养生长期（鄂尔多斯）
③茎叶-营养生长期（鄂尔多斯）

①2022 年 8 月 2 日　　②2022 年 8 月 3 日　　③2022 年 8 月 2 日
16:19　　　　　　　15:17　　　　　　　15:33

可见光-近红外（350～1 300 nm）：该谱段的反射特征受光的吸收和散射特征影响。可见光的反射特征主要反映了植物色素的吸收水平，在 550 nm 处是叶绿素的强反射区，光谱反射率有一处波峰。近红外的反射特征主要反映了植物叶片、冠层的散射程度以及对于水分的吸收情况，在 700 nm 处反射率急剧上升形成"红边"现象，该物种的茎叶和冠层在此波段内有水的窄吸收带，反射光谱曲线呈现波状起伏的特点。对于冠层（曲线①），近红外光经多层叶片的散射，多数变成反射光，形成高反射率。

短波红外（1 300～2 500 nm）：该谱段光谱反射特征主要受植物含水量强吸收的影响。相比该物种的茎叶（曲线②和曲线③），花期冠层的光谱曲线（曲线①）起伏特征更明显。由于是野外采集，受大气水吸收带影响，1 400 nm 以及 1 900 nm 左右的两个波段范围的数据信噪比很低，未在图中显示。

91 反枝苋 *Amaranthus retroflexus* L.（苋科 苋属）

形态特征

株： 高 1 m；**茎：** 茎密被柔毛；**叶：** 叶菱状卵形或椭圆状卵形，长 5～12 cm，先端锐尖或尖凹，具小凸尖，基部楔形，全缘或波状，两面及边缘被柔毛，下面毛较密；叶柄长 1.5～5.5 cm，被柔毛；**花：** 穗状圆锥花序径 2～4 cm，顶生花穗较侧生者长；苞片钻形，长 4～6 mm；花被片长圆形或长圆状倒卵形，长 2～2.5 mm，薄膜质，中脉淡绿色，具凸尖；雄蕊较花被片稍长；柱头（2）3；**果：** 胞果扁卵形，长约 1.5 mm，环状横裂，包在宿存花被片内；**种子：** 近球形，径 1 mm。

花期： 7—8 月；**果期：** 8—9 月。

产地生境

国内产地： 黑龙江、吉林、辽宁、内蒙古、河北、山东、山西、河南、陕西、甘肃、宁夏、新疆。

生境： 农田、园圃、村边、宅旁，已野化。

光谱曲线

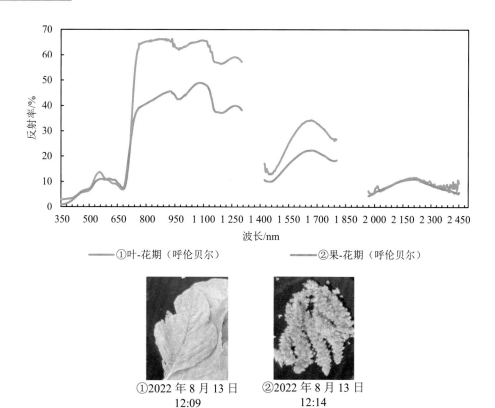

①叶-花期（呼伦贝尔）　②果-花期（呼伦贝尔）

①2022 年 8 月 13 日 12:09　②2022 年 8 月 13 日 12:14

可见光-近红外（350～1 300 nm）：该谱段的反射特征受光的吸收和散射特征影响。可见光的反射特征主要反映了植物色素的吸收水平，在 550 nm 处是叶绿素的强反射区，光谱反射率有一处波峰。近红外的反射特征主要反映了植物叶片、冠层的散射程度以及对于水分的吸收情况，在 700 nm 处反射率急剧上升形成"红边"现象，该物种的叶和果在 950 nm 和 1 150 nm 附近有水的窄吸收带，反射光谱曲线呈现波状起伏的特点。

短波红外（1 300～2 500 nm）：该谱段光谱反射特征主要受植物含水量强吸收的影响。由于是野外采集，受大气水吸收带影响，1 400 nm 以及 1 900 nm 左右的两个波段范围的数据信噪比很低，未在图中显示。

二十三、报春花科 Primulaceae

92 **长叶点地梅** *Androsace longifolia* Turcz.（报春花科 点地梅属）

形态特征

　　根：根出条 2 至数条簇生；**叶：**当年生叶丛叠生于老叶丛上，无节间；叶同型，无柄；叶线形或线状披针形，长 0.5～3（5）cm，灰绿色，先端尖并具小尖头，边缘软骨质，两面无毛，边缘微具短毛；**花：**花莛极短或长达 1 cm，藏于叶丛中，被柔毛；伞形花序 4～7（10）花，苞片线形；花梗长达 1 cm，密被长柔毛和腺体；花萼窄钟形，长 4～5 mm，分裂达中部，裂片宽披针形或三角状披针形，锐尖，疏被短柔毛和缘毛；花冠白或带红色，径 7～8 mm，裂片倒卵状椭圆形，近全缘或先端微凹。

花期：5—6 月。

产地生境

国内产地： 宁夏、山西、内蒙古、黑龙江。

生境： 多石砾的山坡、岗顶和砾石质草原。

二十四、茜草科 Rubiaceae

93 蓬子菜　　　*Galium verum* L.（茜草科　拉拉藤属）

形态特征

株：高 45 cm；**茎**：茎有 4 棱，被短柔毛或秕糠状毛；**叶**：叶纸质，6～10 片轮生，线形，长 1.5～3 cm，宽 1～1.5 mm，先端短尖，边缘常卷成管状，上面无毛，下面有柔毛，稍苍白，干后常黑色，1 脉；无柄；**花**：聚伞花序顶生和腋生，多花，常在枝顶组成圆锥状花序，长达 15 cm，径达 12 cm，花序梗密被柔毛；花稠密；花梗有疏柔毛或无毛，长 1～2.5 mm；萼筒无毛；花冠黄色，辐状，无毛，径约 3 mm，裂片卵形或长圆形，长约 1.5 mm；**果**：果实双生，近球状，径约 2 mm，无毛。

花期：4—8 月；**果期**：5—10 月。

产地生境

国内产地：黑龙江、吉林、辽宁、内蒙古、河北、山西、陕西、宁夏、甘肃、青海、新疆、山东、江苏、安徽、浙江、河南、湖北、四川、西藏。

生境：生于山地、河滩、旷野、沟边、草地、灌丛或林下。

光谱曲线

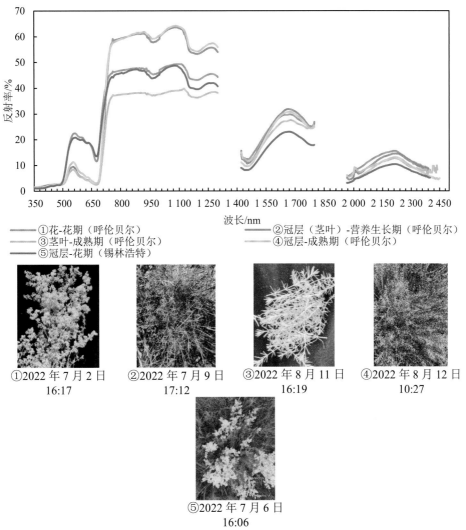

①花-花期（呼伦贝尔）
②冠层（茎叶）-营养生长期（呼伦贝尔）
③茎叶-成熟期（呼伦贝尔）
④冠层-成熟期（呼伦贝尔）
⑤冠层-花期（锡林浩特）

①2022年7月2日
16:17

②2022年7月9日
17:12

③2022年8月11日
16:19

④2022年8月12日
10:27

⑤2022年7月6日
16:06

可见光-近红外（350～1 300 nm）：该谱段的反射特征受光的吸收和散射特征影响。可见光的反射特征主要反映了植物色素的吸收水平，相较于茎叶（曲线②和曲线③）和成熟期冠层（曲线④）而言，花（曲线①）和花期冠层（曲线⑤）中叶绿素含量较少，在550 nm处反射率呈现较高的反射峰。近红外的反射特征主要反映了植物叶片、冠层的散射程度以及对于水分的吸收情况，在700 nm处反射率急剧上升形成"红边"现象，该物种的茎、叶、花和冠层在此波段内有水的窄吸收带，反射光谱曲线呈现波状起伏的特点。

短波红外（1 300～2 500 nm）：该谱段光谱反射特征主要受植物含水量强吸收的影响。由于是野外采集，受大气水吸收带影响，1 400 nm以及1 900 nm左右的两个波段范围的数据信噪比很低，未在图中显示。

二十五、龙胆科 Gentianaceae

94 鳞叶龙胆

Gentiana squarrosa Ledeb.（龙胆科 龙胆属）

形态特征

株：高 8 cm；**茎：**茎密被黄绿色或杂有紫色乳突，基部多分枝，枝铺散，斜升；**叶：**叶缘厚软骨质，密被乳突，叶柄白色膜质，边缘被短睫毛；基生叶卵形、宽卵形或卵状椭圆形，长 0.6～1 cm；茎生叶倒卵状匙形或匙形，长 4～7 mm；**花：**花单生枝顶；花梗长 2～8 mm；花萼倒锥状筒形，长 5～8 mm，被细乳突，裂片外反，卵圆形或卵形，长 1.5～2 mm，基部圆，缢缩成爪，边缘软骨质，密被细乳突；花冠蓝色，筒状漏斗形，长 0.7～1 cm，裂片卵状三角形，长 1.5～2 mm，褶卵形，长 1～1.2 mm，全缘或具细齿，蒴果倒卵状长圆形，长 3.5～5.5 mm，顶端具宽翅，两侧具窄翅；**果：**种子具亮白色细网纹。

花果期：4—9 月。

产地生境

国内产地：西南、西北、华北及东北等地区。

生境：山坡、山谷、山顶、干草原、河滩、荒地、路边、灌丛中及高山草甸。

光谱曲线

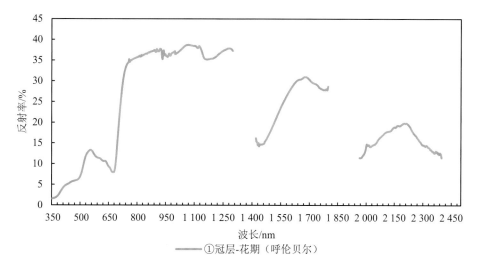

波长/nm

——①冠层-花期（呼伦贝尔）

①2022 年 7 月 2 日
16:55

可见光-近红外（350～1 300 nm）：该谱段的反射特征受光的吸收和散射特征影响。可见光的反射特征主要反映了植物色素的吸收水平，在 550 nm 处是叶绿素的强反射区，光谱反射率有一处波峰。近红外的反射特征主要反映了植物叶片、冠层的散射程度以及对于水分的吸收情况，在 700 nm 处反射率急剧上升形成"红边"现象，到达峰值时冠层光谱曲线反射率大于 35%，该物种的冠层在 950 nm 和 1 150 nm 附近有水的窄吸收带，反射光谱曲线呈现波状起伏的特点。

短波红外（1 300～2 500 nm）：该谱段光谱反射特征主要受植物含水量强吸收的影响。由于是野外采集，受大气水吸收带影响，1 400 nm 以及 1 900 nm 左右的两个波段范围的数据信噪比很低，未在图中显示。

95 北方獐牙菜 *Swertia diluta*（Turcz.）Benth. & Hook. f.（龙胆科 獐牙菜属）

形态特征

株： 高 70 cm；**茎：** 茎直伸，棱具窄翅，多分枝；**叶：** 叶线状披针形或线形，长 1～4.5 cm，两端渐窄，无柄；**花：** 圆锥状复聚伞花序；花梗长达 1.5 cm；花 5 数；花萼绿色，裂片线形，长 0.6～1.2 cm，先端尖；花冠淡蓝色，裂片椭圆状披针形，长 0.6～1.1 cm，先端尖，基部具 2 沟状窄长圆形腺窝，周缘被长柔毛状流苏；花丝线形，长达 6 mm；花柱粗短；**果：** 蒴果长圆形，长达 1.2 cm；**种子：** 被小瘤状突起。

花果期： 8—10 月。

产地生境

国内产地： 四川、青海、甘肃、陕西、内蒙古、山西、河北、河南、山东、黑龙江、辽宁、吉林。

生境： 阴湿山坡、山坡林下、田边、谷地。

96 扁 蕾

Gentianopsis barbata（Froel.）Ma（龙胆科 扁蕾属）

形态特征

　　株：高 40 cm；**茎：**茎单生，上部分枝，具棱；**叶：**基生叶匙形或线状倒披针形，长
0.7～4 cm，先端圆，边缘被乳突；茎生叶窄披针形或线形，长 1.5～8 cm，先端渐尖，边

缘被乳突；**花：**花单生茎枝顶端；花萼筒状，稍短于花冠，裂片边缘具白色膜质，外对线状披针形，长 0.7～2 cm，先端尾尖，内对卵状披针形，长 0.6～1.2 cm，先端渐尖，萼筒长 1～1.8 cm，径 0.6～1 cm；花冠筒状漏斗形，冠筒黄白色，冠檐蓝或淡蓝色，长 2.5～5 cm，裂片椭圆形，长 0.6～1.2 cm，先端圆，具小尖头，边缘具小齿，下部两侧具短细条裂齿；子房具柄，窄椭圆形，长 2.5～3 cm，花柱短，长 1～1.5 mm；**果：**蒴果具短柄，与花冠等长；**种子：**长圆形，长约 1 mm。

　　花果期：7—9 月。

产地生境

　　国内产地：西藏、贵州、云南、北京、四川、甘肃、山东、陕西、新疆、内蒙古、青海、辽宁、吉林、黑龙江、宁夏、河北、山西。

　　生境：水沟边、山坡草地、林下、灌丛中、沙丘边缘。

二十六、夹竹桃科 Apocynaceae

97 地梢瓜 *Cynanchum thesioides*（Freyn）K. Schum.（夹竹桃科 鹅绒藤属）

形态特征

茎：小枝被毛；**叶：**叶对生或近对生，稀轮生，线形或线状披针形，稀宽披针形，长3～10 cm，宽 0.2～1.5（2.3）cm，侧脉不明显；近无柄；**花：**聚伞花序伞状或短总状，有时顶生，小聚伞花序具 2 花；花梗长 0.2～1 cm；花萼裂片披针形，长 1～2.5 mm，被微柔毛及缘毛；花冠绿，白色，常无毛，花冠筒长 1～1.5 mm，裂片长 2～3 mm；副花冠杯状，较花药短，顶端 5 裂，裂片三角状披针形，长及花药中部或高出药隔膜片，基部内弯；花药顶端膜片直立，卵状三角形，花粉块长圆形；柱头扁平；**果：**蓇葖果卵球状纺锤形；**种子：**卵圆形。

花期：3—8 月；**果期：**8—10 月。

产地生境

国内产地：黑龙江、吉林、辽宁、内蒙古、河北、河南、山东、山西、陕西、甘肃、新疆、江苏。

生境：山坡、沙丘或干旱山谷、荒地、田边等处。

光谱曲线

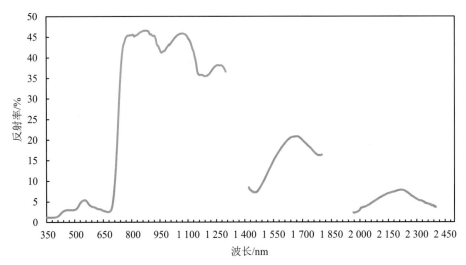

①茎叶-营养生长期（鄂尔多斯）

①2022 年 8 月 3 日
15:34

可见光-近红外（350～1 300 nm）：该谱段的反射特征受光的吸收和散射特征影响。可见光的反射特征主要反映了植物色素的吸收水平，在 550 nm 处是叶绿素的强反射区，光谱反射率有一处波峰。近红外的反射特征主要反映了植物叶片、冠层的散射程度以及对于水分的吸收情况，在 700 nm 处反射率急剧上升形成"红边"现象，到达峰值时茎叶光谱曲线反射率大于 45%，该物种的茎叶在 950 nm 和 1 150 nm 附近有水的窄吸收带，反射光谱曲线呈现波状起伏的特点。

短波红外（1 300～2 500 nm）：该谱段光谱反射特征主要受植物含水量强吸收的影响。由于是野外采集，受大气水吸收带影响，1 400 nm 以及 1 900 nm 左右的两个波段范围的数据信噪比很低，未在图中显示。

98 华北白前　　*Vincetoxicum mongolicum* Maxim.（夹竹桃科 白前属）

形态特征

　　株：高 50 cm；**茎：**茎被单列柔毛或近无毛；**叶：**叶对生或轮生，卵状披针形，先端长渐尖，基部楔形，侧脉 4～6 对，常不明显；**花：**聚伞花序伞状，花序梗长约 1.2 cm；花萼裂片卵状披针形，内面基部具 5 腺体；花冠紫或深红色，花冠筒长约 1 mm，裂片卵形，无毛；副花冠 5 深裂，裂片肉质，龙骨状，与花药近等长；花粉块卵球形；柱头扁平或稍隆起；**果：**蓇葖果双生，长圆状披针形；**种子：**扁长圆形，种毛长约 2 cm。

　　花期：5—8 月；**果期：**6—11 月。

产地生境

　　国内产地：北京、内蒙古、河北、天津、山西、陕西、宁夏、甘肃、青海、四川。
　　生境：以山岭旷野为多。

光谱曲线

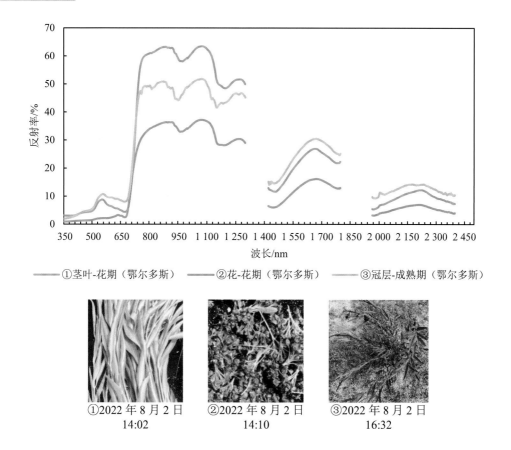

①2022 年 8 月 2 日
14:02　　②2022 年 8 月 2 日
14:10　　③2022 年 8 月 2 日
16:32

可见光-近红外（350～1 300 nm）：该谱段的反射特征受光的吸收和散射特征影响。可见光的反射特征主要反映了植物色素的吸收水平，茎叶（曲线①）和冠层（曲线③）的叶绿素含量较高，在蓝、红光体现了强吸收，在绿光体现出小的反射峰。曲线②等没有上述明显的起伏特征，这是由于该物种的花没有或少有叶绿素等色素。近红外的反射特征主要反映了植物叶片、冠层的散射程度以及对于水分的吸收情况，在 700 nm 处反射率急剧上升形成"红边"现象，该物种的叶和花在此波段内有水的窄吸收带，反射光谱曲线呈现波状起伏的特点。采集镜头内茎叶（曲线①）较多，近红外光经多层叶片的散射，多数变成反射光，形成高反射率。

短波红外（1 300～2 500 nm）：该谱段光谱反射特征主要受植物含水量强吸收的影响。相比茎叶（曲线①）和花（曲线②），冠层（曲线③）的光谱反射率更高。由于是野外采集，受大气水吸收带影响，1 400 nm 以及 1 900 nm 左右的两个波段范围的数据信噪比很低，未在图中显示。

二十七、紫草科 Boraginaceae

99 鹤虱　　　　　　*Lappula myosotis* Moench（紫草科 鹤虱属）

形态特征

　　株：高 60 cm；**茎：**直立，多分枝，密被短糙伏毛；**叶：**茎生叶线形或线状倒披针形，长 1～2 cm，先端渐尖或尖，基部渐窄，两面疏被具基盘糙硬毛；**花：**苞片叶状，与花对生；花梗长 2～5 mm；花萼裂片线形，被毛果期开展；花冠漏斗状，淡蓝色，长约 3 mm，冠檐径 3～4 mm，裂片窄卵形，附属物生于喉部，梯形；**果：**果序长 10～20 cm；小坚果，卵圆形，长约 3.5 mm，被疣点。

　　花果期：6—8 月。

产地生境

　　国内产地：甘肃、河北、内蒙古西部、宁夏、青海、陕西、山东、山西、新疆。

　　生境：草地、山坡草地等处。

二十八、旋花科 Convolvulaceae

100 菟丝子　　　*Cuscuta chinensis* Lam.（旋花科 菟丝子属）

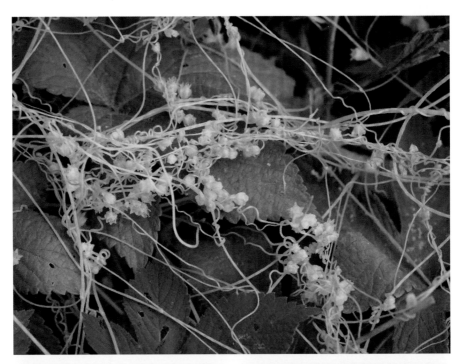

形态特征

茎：缠绕，黄色，纤细，直径约 1 mm；**叶：**无叶；**花：**花序侧生，少花至多花密集成聚伞状伞团花序，花序无梗；苞片及小苞片鳞片状；花梗长约 1 mm；花萼杯状，中部以上分裂，裂片三角状，长约 1.5 mm；花冠白色，壶形，长约 3 mm，裂片三角状卵形，先端反折；雄蕊生于花冠喉部，鳞片长圆形，伸至雄蕊基部，边缘流苏状；花柱 2，等长或不等长，柱头球形；**果：**蒴果球形，径约 3 mm，为宿存花冠全包，周裂；**种子：**2～4 粒，卵圆形，淡褐色，长 1 mm，粗糙。

花果期：6—9 月。

产地生境

国内产地：黑龙江、吉林、辽宁、河北、山西、陕西、宁夏、甘肃、内蒙古、新疆、山东、江苏、安徽、河南、浙江、福建、四川、云南。

生境：田边、山坡阳处、路边灌丛或海边沙丘，通常寄豆科、菊科、蒺藜科等多种植物上。

101 银灰旋花 *Convolvulus ammannii* Desr.（旋花科 旋花属）

形态特征

　　株： 高 2～15 cm，平卧或上升，枝和叶密被贴生稀半贴生银灰色绢毛；**茎：** 根状茎短，木质化，茎少数或多数；**叶：** 叶互生，线形或狭披针形，长 1～2 cm，宽 1～5 mm，先端锐尖，基部狭，无柄；**花：** 花单生枝端，具细花梗，长 0.5～7 cm；萼片 5，长 4～7 mm，外萼片长圆形或长圆状椭圆形，近锐尖或稍渐尖，内萼片较宽，椭圆形，渐尖，密被贴生银色毛；花冠小，漏斗状，长 9～15 mm，淡玫瑰色或白色带紫色条纹，有毛，5 浅裂；雄蕊 5，较花冠短一半，基部稍扩大；雌蕊无毛，较雄蕊稍长，子房 2 室，每室 2 胚珠；花柱 2 裂，柱头 2，线形；**果：** 蒴果球形，2 裂，长 4～5 mm；**种子：** 2～3 枚，卵圆形，光滑，具喙，淡褐红色。

　　花期： 6—8 月；**果期：** 7—8 月。

产地生境

　　国内产地： 内蒙古、辽宁、吉林、黑龙江、河北、河南、甘肃、宁夏、陕西、山西、新疆、青海、西藏。

生境：干旱山坡草地或路旁。

无人机拍摄

机型：DJI Mini3 Pro；飞行高度：1 m；拍摄角度：45°；时间：①②③④⑤：2022 年 8 月 8 日，⑥：2022 年 8 月 2 日；地点：①②③④⑤：锡林浩特，⑥：鄂尔多斯。

光谱曲线

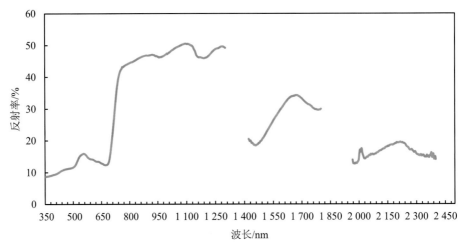

——①茎叶-成熟期（锡林浩特）

①2022 年 8 月 8 日
11:18

可见光-近红外（350～1 300 nm）：该谱段的反射特征受光的吸收和散射特征影响。可见光的反射特征主要反映了植物色素的吸收水平，在 550 nm 处是叶绿素的强反射区，光谱反射率有一处波峰。近红外的反射特征主要反映了植物叶片、冠层的散射程度以及对于水分的吸收情况，在 700 nm 处反射率急剧上升形成"红边"现象，到达峰值时茎叶光谱曲线反射率大于 45%，该物种的茎叶在 950 nm 和 1 150 nm 附近有水的窄吸收带，反射光谱曲线呈现波状起伏的特点。

短波红外（1 300～2 500 nm）：该谱段光谱反射特征主要受植物含水量强吸收的影响。由于是野外采集，受大气水吸收带影响，1 400 nm 以及 1 900 nm 左右的两个波段范围的数据信噪比很低，未在图中显示。

102 田旋花　　*Convolvulus arvensis* L.（旋花科 旋花属）

形态特征

　　株: 长 1 m;　**根:** 根状茎横走,茎平卧或缠绕,有条纹及棱角,无毛或上部被疏柔毛;
茎: 具木质根状茎;茎平卧或缠绕,无毛或疏被柔毛;　**叶:** 叶卵形、卵状长圆形或披针形,
长 1.5～5 cm,先端钝,基部戟形、箭形或心形,全缘或 3 裂,两面被毛或无毛;叶柄长
1～2 cm;　**花:** 聚伞花序腋生,具 1～3 花,花序梗长 3～8 cm;苞片 2,线形,长约 3 mm;
萼片长 3.5～5 mm,外 2 片长圆状椭圆形,内萼片近圆形;花冠白或淡红色,宽漏斗形,
长 1.5～2.6 cm,冠檐 5 浅裂;雄蕊稍不等长,长约花冠之半,花丝被小鳞毛;柱头线形;
果: 蒴果无毛。

　　花期: 6—8 月;　**果期:** 6—9 月。

产地生境

　　国内产地: 吉林、黑龙江、辽宁、河北、河南、山东、山西、陕西、甘肃、宁夏、新疆、内蒙古、江苏、四川、青海、西藏。

生境：耕地及荒坡草地上。

光谱曲线

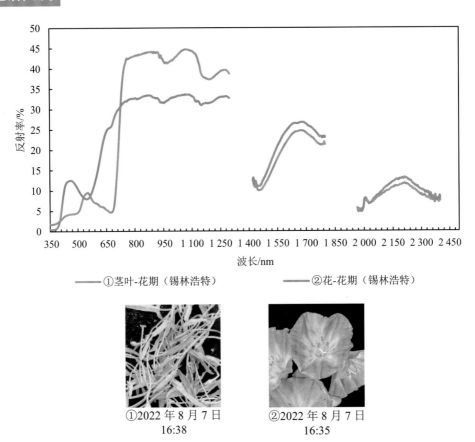

———①茎叶-花期（锡林浩特）　　　———②花-花期（锡林浩特）

①2022 年 8 月 7 日
16:38

②2022 年 8 月 7 日
16:35

可见光-近红外（350～1 300 nm）：该谱段的反射特征受光的吸收和散射特征影响。可见光的反射特征主要反映了植物色素的吸收水平，相较于茎叶（曲线①）而言，花（曲线②）呈现粉色，因此在 450 nm 处呈现一处波峰，在 550 nm 处有一吸收带。近红外的反射特征主要反映了植物叶片、冠层的散射程度以及对于水分的吸收情况，在 700 nm 处反射率急剧上升形成"红边"现象，该物种的茎叶和花在此谱段内有水的窄吸收带，反射光谱曲线呈现波状起伏的特点。在此谱段内，花（曲线②）中水的吸收带较弱，因此反射率变化幅度较小。

短波红外（1 300～2 500 nm）：该谱段光谱反射特征主要受植物含水量强吸收的影响。由于是野外采集，受大气水吸收带影响，1 400 nm 以及 1 900 nm 左右的两个波段范围的数据信噪比很低，未在图中显示。

二十九、车前科 Plantaginaceae

103 多枝柳穿鱼　　*Linaria buriatica* Turcz.（车前科 柳穿鱼属）

形态特征

株：高 20 cm；茎：自基部极多分枝，分枝常铺散，高 20 cm；叶：叶全互生，多而密，针叶形或线形，长 1.5～5 cm，具单脉，无毛；花：总状花序生于枝顶，长 3～7 cm，花序轴、花梗相当密地被腺柔毛；苞片线状披针形，下部的长近 1 cm；花萼裂片线状披针形，长 4～6 mm，两面被腺毛；花冠黄色，除去距长 1.2～1.5 cm，上唇长于下唇，裂片长 2 mm，先端圆钝，下唇侧裂片长圆形，宽 2～5 mm，中裂片较窄，距长 0.8～1.5 cm，稍弓曲；**果**：蒴果卵球状，长 9 mm；**种子**：盘状，有宽翅，中央有瘤突。

花期：6—8 月。

产地生境

国内产地：内蒙古、黑龙江。

生境：草原、荒地及沙丘。

无人机拍摄

机型：DJI Mini3 Pro；**飞行高度**：①：2 m，②③：1 m；**拍摄角度**：①②：45°，③：60°；**时间**：2022 年 8 月 11 日；**地点**：呼伦贝尔。

光谱曲线

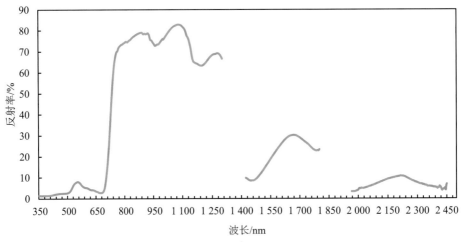

——①冠层-成熟期（呼伦贝尔）

①2022 年 8 月 12 日
11:22

　　可见光-近红外（350～1 300 nm）：该谱段的反射特征受光的吸收和散射特征影响。可见光的反射特征主要反映了植物色素的吸收水平，在 550 nm 处是叶绿素的强反射区，光谱反射率有一处波峰。近红外的反射特征主要反映了植物叶片、冠层的散射程度以及对于水分的吸收情况，在 700 nm 处反射率急剧上升形成"红边"现象，到达峰值时冠层的光谱曲线反射率大于 70%，该物种的茎叶在 950 nm 和 1 150 nm 附近有水的窄吸收带，反射光谱曲线呈现波状起伏的特点。冠层中，近红外光经多层叶片的散射，多数变成反射光，形成高反射率。

　　短波红外（1 300～2 500 nm）：该谱段光谱反射特征主要受植物含水量强吸收的影响。由于是野外采集，受大气水吸收带影响，1 400 nm 以及 1 900 nm 左右的两个波段范围的数据信噪比很低，未在图中显示。

104 **大穗花** *Pseudolysimachion dauricum*（Steven）Holub（车前科 兔尾苗属）

形态特征

　　株: 高 1 m;　**茎:** 茎单生或数支丛生,直立,不分枝或稀少上部分枝,通常相当地被多细胞腺毛或柔毛;　**叶:** 叶对生,在茎节上有一个环连接叶柄基部,叶柄长 1～1.5 cm,少有较短的,叶片卵形,卵状披针形或披针形,基部常心形,顶端常钝,少急尖,长 2～8 cm,宽 1～3.5 cm,两面被短腺毛,边缘具深刻的粗钝齿,常夹有重锯齿,基部羽状深裂过半,裂片外缘有粗齿,叶腋有不发育的分枝;　**花:** 总状花序长穗状,单生或因茎上部分枝而复出,各部分均被腺毛;花梗长 2～3 mm;花冠白色或粉色,长 8 mm,筒部占 1/3

长，檐部裂片开展，卵圆形至长卵形；雄蕊略伸出；**果：**蒴果与萼近等长，花柱长近 1 cm。

花期：7—8 月。

产地生境

国内产地：黑龙江、河南、吉林、辽宁、内蒙古。

生境：草地、沙丘及疏林下。

无人机拍摄

机型： DJI Mini3 Pro；**飞行高度：** ①：1 m，②③：2 m；**拍摄角度：** 45°；**时间：** 2022年 8 月 11 日；**地点：** 呼伦贝尔。

光谱曲线

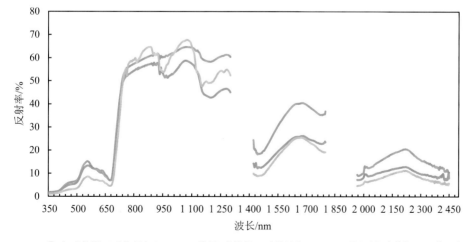

①叶-成熟期（呼伦贝尔）　②果-成熟期（呼伦贝尔）　③冠层-成熟期（呼伦贝尔）

①2022 年 8 月 11 日　　②2022 年 8 月 11 日　　③2022 年 8 月 12 日
17:39　　　　　　　　17:34　　　　　　　　11:50

可见光-近红外（350～1 300 nm）：该谱段的反射特征受光的吸收和散射特征影响。可见光的反射特征主要反映了植物色素的吸收水平，此物种茎叶和果中绿素含量较高，在蓝、红光体现了强吸收，在绿光体现出小的反射峰。近红外的反射特征主要反映了植物叶片、冠层的散射程度以及对于水分的吸收情况，在 700 nm 处反射率急剧上升形成"红边"现象，到达峰值时茎叶光谱曲线反射率均大于 50%，该物种的茎叶和果在 950 nm 和 1 150 nm 附近有水的窄吸收带，反射光谱曲线呈现波状起伏的特点。

短波红外（1 300～2 500 nm）：该谱段光谱反射特征主要受植物含水量强吸收的影响。该物种的叶光谱曲线（曲线①）起伏特征更明显，光谱反射率更高。由于是野外采集，受大气水吸收带影响，1 400 nm 以及 1 900 nm 左右的两个波段范围的数据信噪比很低，未在图中显示。

105　车　前　　　*Plantago asiatica* L.（车前科　车前属）

形态特征

　　株： 植株干后绿色或褐绿色，或局部带紫色；**根：** 须根多数；**茎：** 根茎短，稍粗；**叶：**叶基生呈莲座状，薄纸质或纸质，宽卵形或宽椭圆形，先端钝圆或急尖，基部宽楔形或近圆形，多少下延，边缘波状、全缘或中部以下具齿；**花：** 穗状花序 3～10 个，细圆柱状，紧密或稀疏，下部常间断，花冠白色，花冠筒与萼片近等长；雄蕊与花柱明显外伸，花药白色；**果：** 蒴果纺锤状卵形、卵球形或圆锥状卵形，长 3～4.5 mm，于基部上方周裂；**种子：** 5～12 粒，卵状椭圆形或椭圆形，长 1.2～2 mm，具角，背腹面微隆起；子叶背腹排列。

　　花期： 4—8 月；**果期：** 6—9 月。

产地生境

　　国内产地： 安徽、重庆、福建、甘肃、广东、广西、贵州、海南、河北、黑龙江、河南、湖北、湖南、江苏、江西、吉林、辽宁、内蒙古、青海、山东、山西、四川、台湾、新疆、西藏、云南、浙江。

生境： 草地、沟边、河岸湿地、田边、路旁或村边空旷处。

光谱曲线

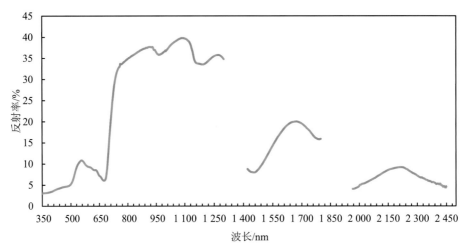

——①冠层-成熟期（呼伦贝尔）

①2022 年 8 月 12 日
10:58

可见光-近红外（350～1 300 nm）：该谱段的反射特征受光的吸收和散射特征影响。可见光的反射特征主要反映了植物色素的吸收水平，在 550 nm 处是叶绿素的强反射区，光谱反射率有一处波峰。近红外的反射特征主要反映了植物叶片、冠层的散射程度以及对于水分的吸收情况，在 700 nm 处反射率急剧上升形成"红边"现象，到达峰值时冠层光谱曲线反射率大于 35%，该物种的冠层在 950 nm 和 1 150 nm 附近有水的窄吸收带，反射光谱曲线呈现波状起伏的特点。

短波红外（1 300～2 500 nm）：该谱段光谱反射特征主要受植物含水量强吸收的影响。由于是野外采集，受大气水吸收带影响，1 400 nm 以及 1 900 nm 左右的两个波段范围的数据信噪比很低，未在图中显示。

106 小车前 *Plantago minuta* Pall.（车前科 车前属）

形态特征

　　株: 叶、花序梗及花序轴密被灰白或灰黄色长柔毛，有时变近无毛；**根:** 直根细长，无侧根或有少数侧根；**茎:** 根茎短；**叶:** 叶基生呈莲座状，硬纸质，线形、窄披针形或窄匙状线形，长 3～8 cm，先端渐尖，基部渐窄并下延，全缘；脉 3 条，叶柄不明显，基部扩大成鞘状；**花:** 穗状花序 2 至多数，短圆柱状至头状，长 0.6～2 cm，紧密，有时仅具少数；**花：** 花序梗长（1）2～12 cm；苞片宽卵形或宽三角形，龙骨突延至顶端，先端纯圆，与萼片外面密生或疏生长柔毛，或仅龙骨状及边缘有长柔毛；萼片龙骨突较宽厚，延至顶端；花冠白色，无毛，花冠筒约与萼片等长，裂片中脉明显，花后反折；雄蕊着生花冠筒内面近顶端，花丝与花柱外伸，花药顶端具三角形小尖头，干后黄色；胚珠 2；**果：** 蒴果卵圆形或宽卵圆形，长 3.5～4（5）mm，于基部上方周裂；**种子：** 2 粒，椭圆状卵圆形或楠圆形，长（2.5）3～4 mm，腹面内凹成船形；子叶左右向排列。

花期： 6—8 月；**果期：** 7—9 月。

产地生境

国内产地： 内蒙古、山西、陕西、宁夏、甘肃、青海、新疆、西藏。

生境： 戈壁滩、沙地、沟谷、河滩、沼泽地、盐碱地、田边。

三十、唇形科 Lamiaceae

107 多裂叶荆芥 *Schizonepeta multifida*（Benth.）Briq.（唇形科 裂叶荆芥属）

形态特征

株：高 0.3～1 m；**茎：**茎四棱形，多分枝，被灰白色疏短柔毛，茎下部的节及小枝基部通常微红色；**叶：**叶通常为指状三裂，大小不等，长 1～3.5 cm，宽 1.5～2.5 cm，先端锐尖，基部楔状渐狭并下延至叶柄，裂片披针形，宽 1.5～4 mm，中间的较大，两侧的较小，全缘，草质，上面暗橄榄绿色，被微柔毛，下面带灰绿色，被短柔毛，脉上及边缘较密，有腺点；叶柄长 2～10 mm；**花：**花序为多数轮伞花序组成的顶生穗状花序，长 2～13 cm，通常生于主茎上的较长大而多花，生于侧枝上的较小而疏花，但均为间断的；苞片叶状，下部的较大，与叶同形，上部的渐变小，乃至与花等长，小苞片线形，极小；花萼管状钟形，长约 3 mm，径 1.2 mm，被灰色疏柔毛，具 15 脉，齿 5，三角状披针形或披针形，先端渐尖，长约 0.7 mm，后面的较前面的为长；**果：**小坚果长圆状三棱形，长约 1.5 mm，径约 0.7 mm，褐色，有小点。

花期：7—9 月；**果期：**在 9 月以后。

产地生境

国内产地：甘肃、河北、内蒙古、陕西、山西。

生境：山坡路边或山谷、林缘。

无人机拍摄

机型：DJI Mini3 Pro；飞行高度：2 m；拍摄角度：①②：60°，③：90°，④⑤：45°；
时间：2022 年 8 月 11 日；地点：呼伦贝尔。

光谱曲线

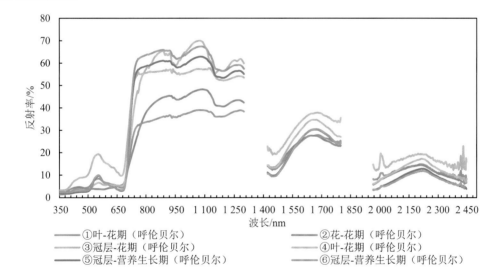

①叶-花期（呼伦贝尔）　　　　　　　　②花-花期（呼伦贝尔）
③冠层-花期（呼伦贝尔）　　　　　　　④叶-花期（呼伦贝尔）
⑤冠层-营养生长期（呼伦贝尔）　　　　⑥冠层-营养生长期（呼伦贝尔）

①2022 年 8 月 11 日
15:04

②2022 年 8 月 11 日
14:55

③2022 年 8 月 12 日
10:52

④2022 年 8 月 11 日　　　⑤2022 年 8 月 12 日　　　⑥2022 年 8 月 12 日
15:42　　　　　　　　　　10:55　　　　　　　　　　11:35

可见光-近红外（350～1 300 nm）：该谱段的反射特征受光的吸收和散射特征影响。可见光的反射特征主要反映了植物色素的吸收水平，花呈现紫色，因此在 400 nm 处有一强反射峰，叶绿素含量较低，在 550 nm 处有一吸收谷。近红外的反射特征主要反映了植物叶片、冠层的散射程度以及对于水分的吸收情况，在 700 nm 处反射率急剧上升形成"红边"现象，该物种的叶和花在此波段内有水的窄吸收带，反射光谱曲线呈现波状起伏的特点。对于冠层（曲线③、曲线⑤和曲线⑥），近红外光经多层叶片的散射，多数变成反射光，形成高反射率，这也是冠层在该波段的反射率明显高于叶的主要原因。

短波红外（1 300～2 500 nm）：该谱段光谱反射特征主要受植物含水量强吸收的影响。由于是野外采集，受大气水吸收带影响，1 400 nm 以及 1 900 nm 左右的两个波段范围的数据信噪比很低，未在图中显示。

108 香青兰　　*Dracocephalum moldavica* L.（唇形科 青兰属）

形态特征

株: 高 40 cm; 茎: 3～5 cm, 被倒向柔毛, 带紫色; 叶: 基生叶草质, 卵状三角形, 先端钝圆, 基部心形, 疏生圆齿, 上部叶披针形或线状披针形; 长 1.4～4 cm, 先端钝, 基部圆或宽楔形, 叶两面仅脉疏被柔毛及黄色腺点, 具三角形牙齿或稀疏锯齿, 有时基部牙齿呈小裂片状, 先端具长刺; 叶柄与叶等长, 向上较短; 花: 轮伞花序具 4 花, 疏散, 生于茎或分枝上部 5～12 节; 苞片长圆形, 疏被平伏柔毛, 具 2～3 对细齿, 齿刺长 2.5～3.5 mm; 花梗长 3～5 mm, 平展; 花萼长 0.8～1 cm, 被黄色腺点及短柔毛, 下部毛较密, 脉带紫色, 上唇 3 浅裂, 三角状卵形, 下唇 2 深裂近基部, 萼齿披针形; 花冠淡蓝紫色, 长 1.5～2.5（3）cm, 被白色短柔毛; 上唇舟状, 下唇淡中裂片具深紫色斑点; 果: 小坚果长圆形, 长约 2.5 mm, 顶端平截。

花期: 7—8 月; 果期: 8—9 月。

产地生境

国内产地: 黑龙江、吉林、辽宁、内蒙古、河北、山西、河南、陕西、甘肃、青海。

生境: 干燥山地、山谷、河滩多石处。

109 并头黄芩 *Scutellaria scordifolia* Fisch. ex Schrank（唇形科 黄芩属）

形态特征

株： 高 36 cm；**根：** 根茎斜行或近直伸，节上生须根；**茎：** 茎带淡紫色，近无毛或棱上疏被上曲柔毛；**叶：** 叶三角状卵形或披针形，长 1.5～3.8 cm，先端钝尖，基部浅心形或近平截，具浅锐牙齿，稀具少数微波状齿或全缘，上面无毛，下面沿脉疏被柔毛或近无毛，被腺点或无腺点；叶柄长 1～3 mm，被柔毛；**花：**壳斗杯形，包着坚果约 1/2，直径 1～1.7 cm，高 5～7 mm，被金黄色绒毛；小苞片合生成 6～7（9）条同心环带；**果：**小坚果黑色，椭圆形，长 1.5 mm，被瘤点，腹面近基部具脐状突起。

　　花期：6—8 月；**果期：**8—9 月。

产地生境

　　国内产地：内蒙古、黑龙江、河北、山西、青海。

　　生境：生于草地或湿草甸。

无人机拍摄

　　机型：DJI Mini3 Pro；**飞行高度：**1 m；**拍摄角度：**45°；**时间：**2022 年 7 月 6 日；**地点：**锡林浩特。

光谱曲线

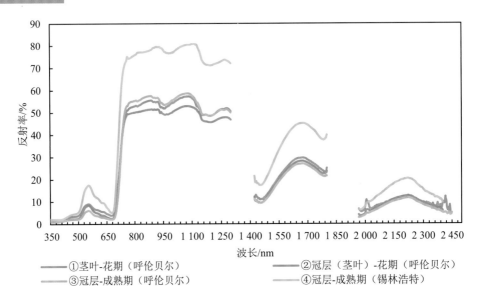

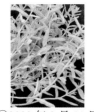

①2022 年 8 月 11 日　　②2022 年 7 月 2 日　　③2022 年 8 月 12 日　　④2022 年 7 月 9 日
15:51　　　　　　　　17:25　　　　　　　　10:34　　　　　　　　14:42

　　可见光-近红外（350～1 300 nm）：该谱段的反射特征受光的吸收和散射特征影响。可见光的反射特征主要反映了植物色素的吸收水平，550 nm 处是叶绿素的强反射峰区，故此波段的反射光谱曲线具有波峰的形态。近红外的反射特征主要反映了植物叶片、冠层的散射程度以及对于水分的吸收情况，在 700 nm 处反射率急剧上升形成"红边"现象，该物种的茎、叶在 950 nm 和 1 150 nm 附近有水的窄吸收带，故在此波段内反射光谱曲线呈现波状起伏的特点。对于成熟期的冠层（曲线③和曲线④），水吸收较弱，近红外光经多层叶片的散射，多数变成反射光，形成高反射率。

　　短波红外（1 300～2 500 nm）：该谱段光谱反射特征主要受植物含水量强吸收的影响。由于是野外采集，受大气水吸收带影响，1 400 nm 以及 1 900 nm 左右的两个波段范围的数据信噪比很低，未在图中显示。

110　黏毛黄芩　　*Scutellaria viscidula* Bunge（唇形科 黄芩属）

形态特征

　　株：高 24 cm；**茎：**茎被倒向短柔毛或近平展腺柔毛，多分枝；**叶：**叶披针形或线形，长 1.5～3.2 cm，先端钝，基部楔形或宽楔形，全缘，密被短缘毛，上面疏被平伏柔毛或近无毛，下面被柔毛，两面被黄色腺点；叶柄长达 2 mm；**花：**总状花序密被平展腺柔毛；上部苞片椭圆形或椭圆状卵形，长 4～5 mm；花梗长约 3 mm；花萼长约 3 mm，盾片高 1～1.5 mm；花冠黄白或白色，长 2.2～2.5 cm，被腺柔毛，近基部膝曲，喉部径达 7 mm，下唇中裂片近圆形，侧裂片卵形；**果：**小坚果黑色，卵球形，被瘤点，腹面近基部具脐状突起。

　　花期：5—8 月；**果期：**7—9 月。

产地生境

国内产地：山西、内蒙古、山东、河北。

生境：沙砾地、荒地或草地。

无人机拍摄

机型：DJI Mini3 Pro；飞行高度：1 m；拍摄角度：45°；时间：①②：2022 年 7 月 6日，③④：2022 年 8 月 8 日；地点：锡林浩特。

光谱曲线

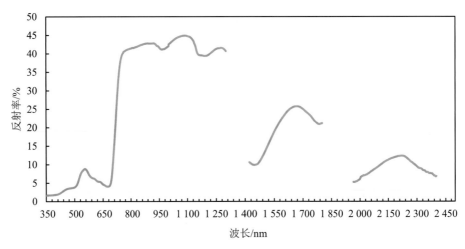

———— ①冠层-花期（锡林浩特）

①2022 年 7 月 6 日
15:28

可见光-近红外（350～1 300 nm）：该谱段的反射特征受光的吸收和散射特征影响。可见光的反射特征主要反映了植物色素的吸收水平，在 550 nm 处是叶绿素的强反射区，光谱反射率有一处波峰。近红外的反射特征主要反映了植物叶片、冠层的散射程度以及对于水分的吸收情况，在 700 nm 处反射率急剧上升形成"红边"现象，到达峰值时冠层的光谱曲线反射率大于 40%，该物种的茎叶在 950 nm 和 1 150 nm 附近有水的窄吸收带，反射光谱曲线呈现波状起伏的特点。

短波红外（1 300～2 500 nm）：该谱段光谱反射特征主要受植物含水量强吸收的影响。由于是野外采集，受大气水吸收带影响，1 400 nm 以及 1 900 nm 左右的两个波段范围的数据信噪比很低，未在图中显示。

111 **块根糙苏**　*Phlomoides tuberosa*（L.）Moench（唇形科 糙苏属）

形态特征

株：高 1.5 m；**茎：**茎上部近无毛，下部被柔毛，有时带紫红色；**叶：**基生叶三角形，长 5.5～19 cm，基部深心形，具不整齐圆齿，叶柄长 4～25 cm；中部茎生叶三角状披针形，长 5～9.5 cm，基部心形，具粗牙齿，稀波状，上面疏被刚毛或近无毛，下面无毛或仅脉疏被刚毛，叶柄长 1.5～3.5 cm；**花：**花萼管状钟形，长约 1 cm，仅近萼齿处疏被刚毛，萼齿半圆形，具长 1.8～2.5 mm 刺尖；花冠紫红色，长 1.8～2 cm，冠檐密被星状绒毛，内面具毛环，下唇内面密被髯毛，具不整齐牙齿，下唇卵形，中裂片倒心形，侧裂片卵形；后对花丝基部具反折短距状附属物；**果：**小坚果顶端被星状短柔毛。

花果期：7—9 月。

产地生境

国内产地：黑龙江、内蒙古、新疆。

生境：湿草原或山沟中。

光谱曲线

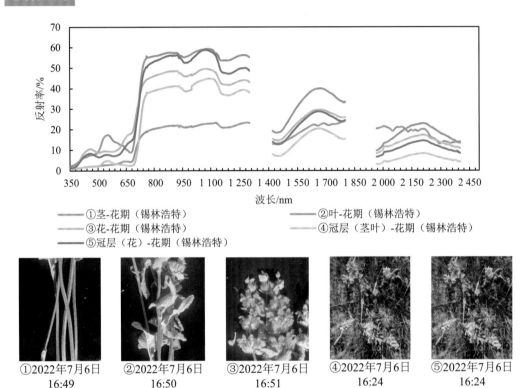

①茎-花期（锡林浩特）　　　　　②叶-花期（锡林浩特）
③花-花期（锡林浩特）　　　　　④冠层（茎叶）-花期（锡林浩特）
⑤冠层（花）-花期（锡林浩特）

①2022年7月6日　②2022年7月6日　③2022年7月6日　④2022年7月6日　⑤2022年7月6日
16:49　　　　　16:50　　　　　16:51　　　　　16:24　　　　　16:24

可见光-近红外（350～1 300 nm）：该谱段的反射特征受光的吸收和散射特征影响。可见光的反射特征主要反映了植物色素的吸收水平，花（曲线③和曲线⑤）呈现紫色，因此在 400 nm 处有一强反射峰，叶绿素含量较少，在 550 nm 处有一小的吸收谷。近红外的反射特征主要反映了植物叶片、冠层的散射程度以及对于水分的吸收情况，在 700 nm 处反射率急剧上升形成"红边"现象，该物种的叶和花在此波段内有水的窄吸收带，反射光谱曲线呈现波状起伏的特点。采集镜头内茎（曲线①）较少，水吸收较少，故此谱段内光谱反射率较低。

短波红外（1 300～2 500 nm）：该谱段光谱反射特征主要受植物含水量强吸收的影响。该物种叶的光谱曲线（曲线②）起伏特征更明显，光谱反射率更高。由于是野外采集，受大气水吸收带影响，1 400 nm 以及 1 900 nm 左右的两个波段范围的数据信噪比很低，未在图中显示。

112 冬青叶兔唇花 *Lagochilus ilicifolius* Bunge ex Benth（唇形科 兔唇花属）

形态特征

株：高 20 cm；**茎**：茎分枝，铺散，基部木质化，被白色细糙硬毛；**叶**：叶楔状菱形，长约 1 cm，先端具 3～5 裂齿，齿端短芒状刺尖，基部楔形，两面无毛；叶无柄；**花**：轮伞花序具 2～4 花；小苞片细针状；花萼管状钟形，长约 1.2 cm，白绿色，无毛，萼齿长约 5 mm，长圆状披针形，具短刺尖，后齿长约 7 mm；花冠淡黄色，具紫褐色脉网，长 2.5～2.7 cm，上唇长 1.8 cm，被白色绵毛，内面被白色糙伏毛，下唇长约 1.5 cm，被微柔毛，内面无毛，3 深裂，中裂片倒心形，长 7.5 mm，先端具 2 小裂片，侧裂片卵形，先端具 2 齿；后对雄蕊长约 2 cm，前对长约 2.4 cm。

花期： 7—9 月；**果期：** 10 月。

产地生境

国内产地： 内蒙古、宁夏、甘肃、陕西。

生境： 沙地及缓坡半荒漠灌丛中。

无人机拍摄

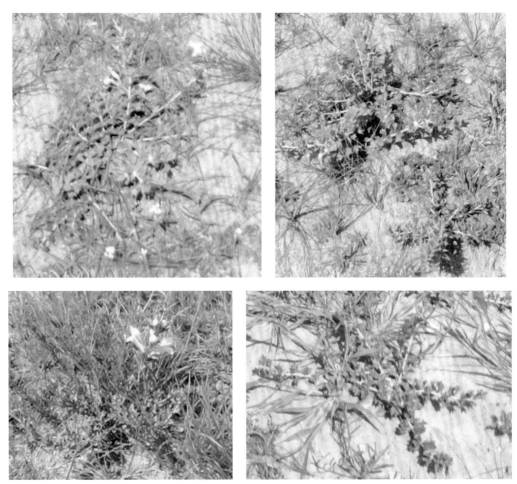

机型： DJI Mini3 Pro；**飞行高度：** 1 m；**拍摄角度：** 45°；**时间：** 2022 年 8 月 2 日；**地点：** 鄂尔多斯。

光谱曲线

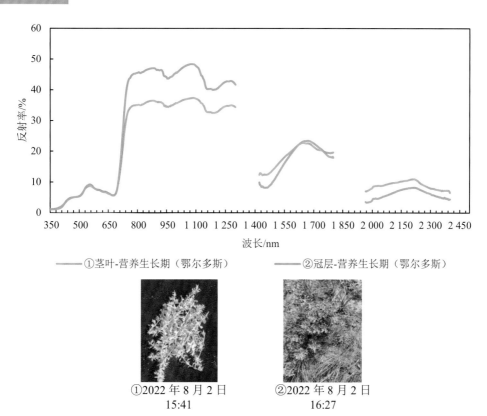

——①茎叶-营养生长期（鄂尔多斯）　　——②冠层-营养生长期（鄂尔多斯）

①2022 年 8 月 2 日
15:41

②2022 年 8 月 2 日
16:27

可见光-近红外（350～1 300 nm）：该谱段的反射特征受光的吸收和散射特征影响。可见光的反射特征主要反映了植物色素的吸收水平，在 550 nm 处是叶绿素的强反射区，光谱反射率有一处波峰。近红外的反射特征主要反映了植物叶片、冠层的散射程度以及对于水分的吸收情况，在 700 nm 处反射率急剧上升形成"红边"现象，到达峰值时茎叶光谱曲线反射率均大于 30%，该物种的茎叶在 950 nm 和 1 150 nm 附近有水的窄吸收带，反射光谱曲线呈现波状起伏的特点。对于冠层（曲线②），近红外光经多层叶片的散射，多数变成反射光，形成高反射率，这也是冠层在该波段的反射率明显高于茎叶的主要原因。

短波红外（1 300～2 500 nm）：该谱段光谱反射特征主要受植物含水量强吸收的影响。由于是野外采集，受大气水吸收带影响，1 400 nm 以及 1 900 nm 左右的两个波段范围的数据信噪比很低，未在图中显示。

三十一、列当科 Orobanchaceae

113 大黄花　　　　　*Cymbaria daurica* L.（列当科 大黄花属）

形态特征

　　株：高 23 cm；**茎：**茎成丛生，基部密被鳞叶；**叶：**叶对生，无柄，线形或线状披针形，长 1～2.3 cm，宽 2～3 mm，全缘，稀分裂；**花：**总状花序顶生，花少数，具短梗；具 2 小苞片，线形或披针形；花萼筒长 0.5～1 cm，内外被毛，萼齿 5，线形或披针形，长 0.9～2 cm，齿间有 1～2 小齿；花冠黄色，长 3～4.5 cm，内在腺点，上唇先端 2 裂，略前弯，下唇 3 裂，有 2 褶襞，中裂长 1～1.6 cm；雄蕊 4，2 强，花丝基部被毛，花药长 4～4.5 mm，顶部被长柔毛；**果：**蒴果长卵圆形，长 1～1.3 cm；**种子：**长 3～4 mm。

　　花期：6—8 月；**果期：**7—9 月。

产地生境

　　国内产地：河北、黑龙江、吉林、内蒙古。

　　生境：干燥山坡、沙质草地。

无人机拍摄

机型： DJI Mini3 Pro；**飞行高度：** 1 m；**拍摄角度：** 45°；**时间：** ①②③④⑤：2022 年 7 月 6 日，⑥⑦：2022 年 8 月 8 日；**地点：** 锡林浩特。

光谱曲线

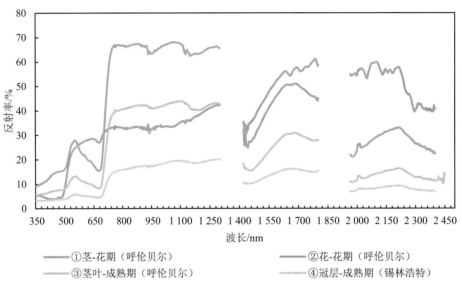

①茎-花期（呼伦贝尔）　　　　　②花-花期（呼伦贝尔）
③茎叶-成熟期（呼伦贝尔）　　　④冠层-成熟期（锡林浩特）

①2022 年 7 月 2 日
17:54

②2022 年 7 月 2 日
17:53

③2022 年 8 月 11 日
17:27

④2022 年 8 月 6 日
16:33

可见光-近红外（350～1 300 nm）：该谱段的反射特征受光的吸收和散射特征影响。可见光的反射特征主要反映了植物色素的吸收水平，花（曲线②）呈现黄色，因此在 600 nm 左右光谱反射率较高。成熟期冠层（曲线④）采集镜头内植物较少，故在此谱段内反射率较低。近红外的反射特征主要反映了植物叶片、冠层的散射程度以及对于水分的吸收情况，在 700 nm 处反射率急剧上升形成"红边"现象，该物种的茎、叶和花在此波段内有水的窄吸收带，反射光谱曲线呈现波状起伏的特点。

短波红外（1 300～2 500 nm）：该谱段光谱反射特征主要受植物含水量强吸收的影响。相比该物种的茎叶（曲线①和曲线③）和冠层（曲线④），花（曲线②）的光谱反射率更高。由于是野外采集，受大气水吸收带影响，1 400 nm 以及 1 900 nm 左右的两个波段范围的数据信噪比很低，未在图中显示。

114 光药大黄花 *Cymbaria mongolica* Maxim.（列当科 大黄花属）

形态特征

　　株：高 20 cm；**根：**根茎垂直向下或常作不规则之字形弯曲，节间很短，节上对生膜质鳞片，有片状剥落，顶端常多头；**茎：**茎丛生，基部密被鳞叶；**叶：**叶对生，无柄，长圆状披针形或线状披针形，长 1.2～2.5（4.5）cm，宽 3～4（6）cm；**花：**花少数，腋生；花梗长 0.3～1 cm；小苞片 2；花萼长 1.5～3 cm，内外均被毛，萼齿 5（6），窄三角形或线形，长为萼筒 2～3 倍，齿间具 1～2（3）线状小齿；花冠黄色，长 2.5～3.5 cm，上唇略盔状，裂片外卷，下唇 3 裂，开展；雄蕊 4，2 强，花丝基部被柔毛，花药背着，顶部常无毛，稀疏生长毛，药室长 3～3.6 mm，下端有刺尖；**果：**蒴果长卵圆形，长 1～1.1 cm，革质；**种子：**长卵形，长 4～4.5 mm。

　　花期：4—8 月。

产地生境

国内产地：内蒙古、河北、山西、陕西、甘肃、青海。

生境：干山坡地带。

光谱曲线

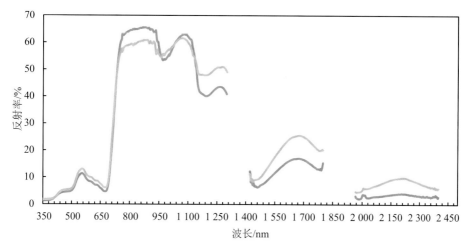

—— ①茎叶-营养生长期（噢尔多斯）　　　—— ②冠层-营养生长期（噢尔多斯）

①2022 年 8 月 2 日
17:42

②2022 年 8 月 2 日
17:27

可见光-近红外（350～1 300 nm）：该谱段的反射特征受光的吸收和散射特征影响。可见光的反射特征主要反映了植物色素的吸收水平，在 550 nm 处是叶绿素的强反射区，光谱反射率有一处波峰。近红外的反射特征主要反映了植物叶片、冠层的散射程度以及对于水分的吸收情况，在 700 nm 处反射率急剧上升形成"红边"现象，该物种的茎叶在 950 nm 和 1 150 nm 附近有水的窄吸收带，反射光谱曲线呈现波状起伏的特点。

短波红外（1 300～2 500 nm）：该谱段光谱反射特征主要受植物含水量强吸收的影响。两条曲线采集的部位均为茎叶，光谱曲线起伏特征差异不大。由于是野外采集，受大气水吸收带影响，1 400 nm 以及 1 900 nm 左右的两个波段范围的数据信噪比很低，未在图中显示。

115　列　当　　　*Orobanche coerulescens* Steph.（列当科 列当属）

形态特征

株： 高 50 cm；**茎：** 茎不分枝；**叶：** 叶卵状披针形，长 1.5～2 cm，连同苞片、花萼外面及边缘密被蛛丝状长绵毛；**花：** 穗状花序：苞片与叶同形，近等大：无小苞片；花萼 2 深裂近基部，每裂片中裂：花冠深蓝、蓝紫或淡紫色，筒部在花丝着生处稍上方缢缩，上唇 2 浅裂，下唇 3 中裂，具不规则小圆齿：花丝被长柔毛，花药无毛；花柱无毛；**果：** 蒴果卵状长圆形或圆柱形，长约 1 cm。

花期： 4—7 月；**果期：** 7—9 月。

产地生境

国内产地： 内蒙古、河北、甘肃。

生境： 山坡林下。

116 黄花列当　　　　*Orobanche pycnostachya* Hance（列当科 列当属）

形态特征

　　株： 高 50 cm；**茎：** 茎不分枝；**叶：** 叶卵状披针形或披针形，长 1～2.5 cm，连同苞片、花萼裂片及花冠裂片外面及边缘密被腺毛；**花：** 花序穗状；苞片卵状披针形；花萼 2 深裂至基部，每裂片 2 裂，裂片不等长；花冠黄色，冠筒中部稍弯，花丝着生处稍上方缢缩，向上稍宽，上唇顶端 2 浅裂或微凹，下唇长于上唇，3 裂，边缘波状或具小齿：花丝基部疏被腺毛，花药被长柔毛：花柱疏被腺毛，柱头 2 浅裂；**果：** 蒴果长圆形，长约 1 cm。

　　花期： 4—6 月；**果期：** 6—8 月。

产地生境

国内产地： 福建、安徽、山东、陕西、浙江、江苏、内蒙古、辽宁、吉林、黑龙江、宁夏、河北、山西、河南。

生境： 沙丘、山坡及草原上。

光谱曲线

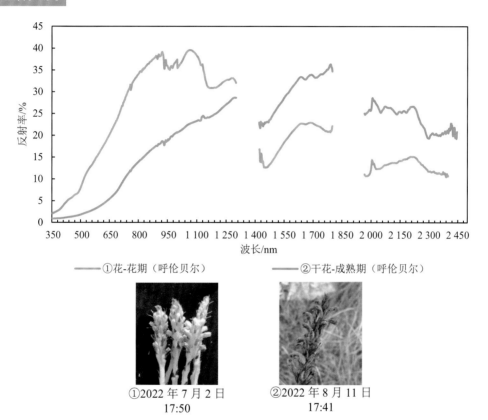

①2022 年 7 月 2 日
17:50

②2022 年 8 月 11 日
17:41

可见光-近红外（350～1 300 nm）：该谱段的反射特征受光的吸收和散射特征影响。可见光的反射特征主要反映了植物色素的吸收水平，该物种花的光谱反射率一直在增加，相较于花期的花（曲线①），冠层（曲线②）采集镜头内花较少，光谱反射率较低。近红外的反射特征主要反映了植物叶片、冠层的散射程度以及对于水分的吸收情况，在 700 nm 处反射率急剧上升形成"红边"现象，该物种的花在此波段内有水的窄吸收带，反射光谱曲线呈现波状起伏的特点。

短波红外（1 300～2 500 nm）：该谱段光谱反射特征主要受植物含水量强吸收的影响，该物种成熟期干花的光谱反射率更高。由于是野外采集，受大气水吸收带影响，1 400 nm 以及 1 900 nm 左右的两个波段范围的数据信噪比很低，未在图中显示。

三十二、桔梗科 Campanulaceae

117 长柱沙参 *Adenophora stenanthina*（Ledeb.）Kitag.（桔梗科 沙参属）

形态特征

株： 高 1.2 m；**根：** 根近圆柱形；**茎：** 茎常数支丛生，有时上部分枝，通常被倒生糙毛；**叶：** 基生叶心形，边缘有深刻而不规则的锯齿；茎生叶从线状至宽椭圆形或卵形，长 2～10 cm，全缘或有疏离的刺状尖齿，通常两面被糙毛；**花：** 花序无分枝，呈假总状花序，或有分枝而集成圆锥花序；花萼无毛，萼筒倒卵状或倒卵状长圆形，裂片钻状三角形或钻形，长 1.5～3 mm，全缘或稀有小齿；花冠细，长 1～1.3 cm，近筒状，5 浅裂，长 2～3 mm，浅蓝、蓝、蓝紫或紫色；雄蕊与花冠近等长；花盘细筒状，长约 4 mm，无毛或有柔毛；花柱长 2～2.2 cm，伸出花冠 0.7～1 cm；**果：** 蒴果椭圆形，长 7～9 mm。

花期： 8—9 月。

产地生境

国内产地： 内蒙古、河北、山西、陕西、宁夏、甘肃。

生境： 生于沙地、草滩、山坡草地及耕地边。

无人机拍摄

机型： DJI Mini3 Pro；**飞行高度：** 2 m；**拍摄角度：** 60°；**时间：** 2022 年 8 月 11 日；**地点：** 呼伦贝尔。

光谱曲线

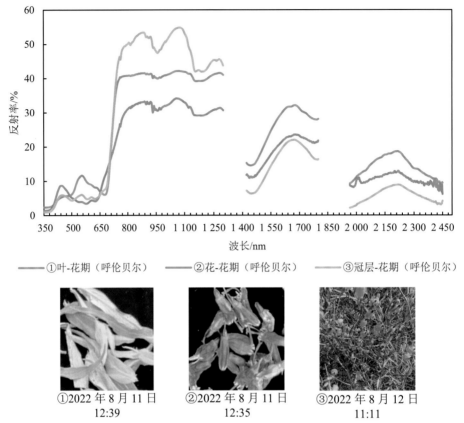

①2022 年 8 月 11 日
12:39

②2022 年 8 月 11 日
12:35

③2022 年 8 月 12 日
11:11

　　可见光-近红外（350～1 300 nm）：该谱段的反射特征受光的吸收和散射特征影响。可见光的反射特征主要反映了植物色素的吸收水平，花呈现紫色，因此在 400 nm 处有一强反射峰。叶（曲线①）中叶绿素含量较高，在蓝、红光体现了强吸收，在绿光体现出小的反射峰。近红外的反射特征主要反映了植物叶片、冠层的散射程度以及对于水分的吸收情况，在 700 nm 处反射率急剧上升形成"红边"现象，该物种的叶和花在此波段内有水的窄吸收带，反射光谱曲线呈现波状起伏的特点。对于冠层（曲线③），近红外光经多层叶片的散射，多数变成反射光，形成高反射率。

　　短波红外（1 300～2 500 nm）：该谱段光谱反射特征主要受植物含水量强吸收的影响。该物种花期冠层的光谱曲线（曲线③）起伏特征较明显，光谱反射率偏低。由于是野外采集，受大气水吸收带影响，1 400 nm 以及 1 900 nm 左右的两个波段范围的数据信噪比很低，未在图中显示。

三十三、菊科 Asteraceae

118 蓝刺头 *Echinops davuricus* Fisch. ex Hornem.（菊科 蓝刺头属）

形态特征

茎：茎灰白色，下部被绵毛或无毛，向上被蛛丝状绵毛；**叶**：基生叶与下部茎生叶椭圆形、长椭圆形或披针状椭圆形，二回羽状分裂，一回几全裂，一回裂片 4～8 对，中部侧裂片较大，二回为深裂或浅裂，边缘具不规则刺齿或三角形刺齿；中上部茎生叶与基生叶及下部茎生叶同形并近等样分裂；上部茎生叶羽状半裂或浅裂，无柄，基部抱茎；叶纸质，上面无毛，下面灰白色，密被蛛丝状绵毛；**花**：复头状花序单生茎顶或茎生，径 3～5.5 cm，基毛白色，长约 7 mm，长为总苞 2/5；总苞片 14～17，背面无毛，外层线状倒披针形，上部菱形或椭圆形，中层倒披针形，内层长椭圆形；小花蓝色；**果**：瘦果密被淡黄色长直毛，遮盖冠毛；冠毛膜质线形。

花果期：6—9 月。

产地生境

国内产地：甘肃、河北、黑龙江、河南、吉林、辽宁、内蒙古、宁夏、陕西、山东、山西。

生境：山坡草地及山坡疏林下。

无人机拍摄

机型：DJI Mini3 Pro；**飞行高度**：1 m；**拍摄角度**：45°；**时间**：2022 年 8 月 2 日；**地点**：鄂尔多斯。

光谱曲线

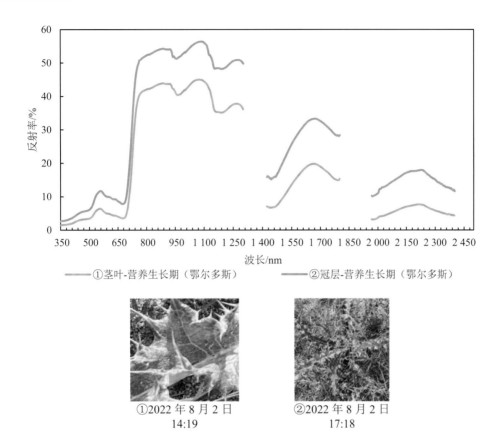

①2022 年 8 月 2 日
14:19

②2022 年 8 月 2 日
17:18

可见光-近红外（350～1 300 nm）：该谱段的反射特征受光的吸收和散射特征影响。可见光的反射特征主要反映了植物色素的吸收水平，茎叶中叶绿素含量较高，在蓝、红光体现了强吸收，在绿光体现出小的反射峰。近红外的反射特征主要反映了植物叶片、冠层的散射程度以及对于水分的吸收情况，在 700 nm 处反射率急剧上升形成"红边"现象，该物种的茎叶在此波段内有水的窄吸收带，反射光谱曲线呈现波状起伏的特点。对于冠层（曲线②），近红外光经多层叶片的散射，多数变成反射光，形成高反射率，这也是冠层在该波段的反射率明显高于茎叶的主要原因。

短波红外（1 300～2 500 nm）：该谱段光谱反射特征主要受植物含水量强吸收的影响。相比该物种的茎叶（曲线①），冠层（曲线②）的光谱反射率更高。由于是野外采集，受大气水吸收带影响，1 400 nm 以及 1 900 nm 左右的两个波段范围的数据信噪比很低，未在图中显示。

119 砂蓝刺头

Echinops gmelinii Turcz.（菊科 蓝刺头属）

形态特征

株：高 10～90 cm；**根：**根直伸，细圆锥形；**茎：**茎单生，茎枝淡黄色，疏被腺毛；**叶：**下部茎生叶线形或线状披针形，边缘具刺齿或三角形刺齿裂或刺状缘毛；中上部茎生叶与下部茎生叶同形；叶纸质，两面绿色，疏被蛛丝状毛及腺点；**花：**复头状花序单生茎顶或枝端，径 2～3 cm，基毛白色，长 1 cm，细毛状，边缘糙毛状；总苞片 16～20，外层线状倒披针形，爪基部有蛛丝状长毛，中层倒披针形，长 1.3 cm，背面上部被糙毛，背面下部被长蛛丝状毛，内层长椭圆形，中间芒刺裂较长，背部被长蛛丝状毛；小花蓝或白色；**果：**瘦果倒圆锥形，密被淡黄棕色长直毛，遮盖冠毛。

花果期：6—9 月。

产地生境

国内产地：黑龙江、吉林、辽宁、内蒙古、新疆、青海、甘肃、陕西、宁夏、山西、河北、河南。

    生境： 山坡砾石地、荒漠草原、黄土丘陵或河滩沙地。

无人机拍摄

    机型： DJI Mini3 Pro；**飞行高度：** 1 m；**拍摄角度：** 45°；**时间：** 2022 年 8 月 2 日；**地点：** 鄂尔多斯。

120 草地风毛菊　　　　*Saussurea amara*（L.）DC.（菊科 风毛菊属）

形态特征

茎：茎无翼，上部或中下部有分枝；**叶：**基生叶与下部茎生叶披针状长椭圆形、椭圆形或披针形，长 4～18 cm，全缘，稀有钝齿，叶柄长 2～4 cm；中上部茎生叶有短柄或无柄，椭圆形或披针形；叶两面绿色，被柔毛及金黄色腺点；**花：**头状花序在茎枝顶端排成伞房状或伞房圆锥花序；总苞窄钟状或圆柱形，径 0.8～1.2 cm，总苞片 4 层，外层披针形或卵状披针形，长 3～5 mm，有细齿或 3 裂，中层与内层线状长椭圆形或线形，长 9 mm，先端有淡紫红色、边缘有小锯齿的圆形附片；苞片绿色，背面疏被柔毛及黄色腺点；小花淡紫色；**果：**瘦果长圆形，长 3 mm，4 肋；冠毛白色，2 层。

花果期：7—10 月。

产地生境

国内产地：黑龙江、吉林、辽宁、内蒙古、河北、山西、北京、陕西、甘肃、青海、新疆。

生境：荒地、路边、森林草地、山坡、草原、盐碱地、河堤、沙丘、湖边、水边。

光谱曲线

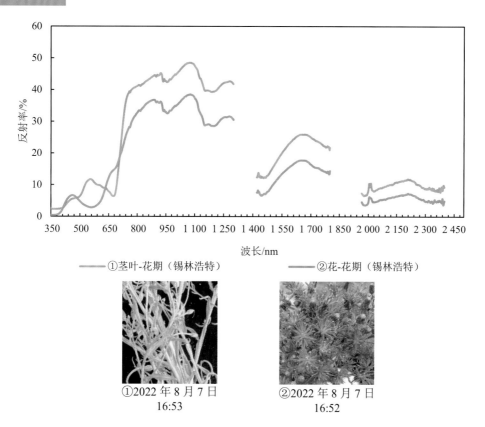

①茎叶-花期（锡林浩特）　②花-花期（锡林浩特）

①2022 年 8 月 7 日
16:53

②2022 年 8 月 7 日
16:52

可见光-近红外（350～1 300 nm）：该谱段的反射特征受光的吸收和散射特征影响。可见光的反射特征主要反映了植物色素的吸收水平，花（曲线②）呈现紫色，因此在 400 nm 处有一强反射峰，叶绿素含量较低，在 550 nm 处有一吸收谷。近红外的反射特征主要反映了植物叶片、冠层的散射程度以及对于水分的吸收情况，在 700 nm 处反射率急剧上升形成"红边"现象，该物种的叶和花在此波段内有水的窄吸收带，反射光谱曲线呈现波状起伏的特点。对于茎叶（曲线①），近红外光经叶片细胞的反射、折射作用，形成较高的反射率。

短波红外（1 300～2 500 nm）：该谱段光谱反射特征主要受植物含水量强吸收的影响。相比该物种的花（曲线②），花期茎叶（曲线②）的光谱反射率更高。由于是野外采集，受大气水吸收带影响，1 400 nm 以及 1 900 nm 左右的两个波段范围的数据信噪比很低，未在图中显示。

121 柳叶风毛菊　　　*Saussurea salicifolia*（L.）DC.（菊科 风毛菊属）

形态特征

　　株： 高 15～40 cm；**根：** 根粗壮，纤维状撕裂；**茎：** 茎直立，有棱，被蛛丝毛或短柔毛；**叶：** 叶线形或线状披针形，长 2～10 cm，宽 3～5 mm，顶端渐尖，基部楔形渐狭，有短柄或无柄，边缘全缘，稀基部边缘有锯齿，常反卷，两面异色，上面绿色无毛或有稀疏短柔毛，下面白色，被白色稠密的绒毛；**花：** 茎直立，有棱，被蛛丝毛或短柔毛，上部伞房花序状分枝或分枝自基部；**果：**瘦果褐色，长 3.5 mm，无毛。

花果期：8—9 月。

产地生境

国内产地：河北、内蒙古、黑龙江、吉林、辽宁、甘肃、新疆、四川。

生境：高山灌丛、草甸、山沟阴湿处。

无人机拍摄

机型：DJI Mini3 Pro；**飞行高度：**1 m；**拍摄角度：**45°；**时间：**2022 年 8 月 11 日；**地点：**呼伦贝尔。

光谱曲线

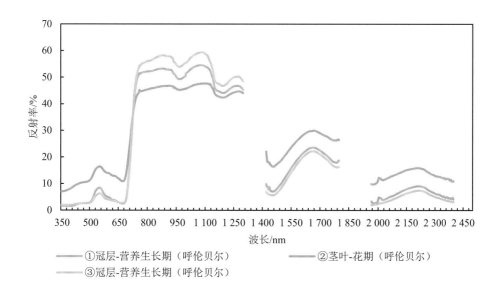

①2022 年 7 月 2 日　　　②2022 年 8 月 11 日　　　③2022 年 8 月 12 日
　　17:15　　　　　　　　　17:30　　　　　　　　　10:25

可见光-近红外（350～1 300 nm）：该谱段的反射特征受光的吸收和散射特征影响。可见光的反射特征主要反映了植物色素的吸收水平，550 nm 处是叶绿素的强反射峰区，故此波段的反射光谱曲线具有波峰的形态。近红外的反射特征主要反映了植物叶片、冠层的散射程度以及对于水分的吸收情况，在 700 nm 处反射率急剧上升形成"红边"现象，该物种的茎、叶在 950 nm 和 1 150 nm 附近有水的窄吸收带，故在此波段内反射光谱曲线呈现波状起伏的特点。对于冠层（曲线①和曲线③），近红外光经多层叶片的散射，多数变成反射光，形成高反射率，这也是冠层在该波段的反射率明显高于茎叶的主要原因。

短波红外（1 300～2 500 nm）：该谱段光谱反射特征主要受植物含水量强吸收的影响。相比营养生长期的冠层（曲线①和曲线③），花期茎叶（曲线②）的光谱反射率更高。由于是野外采集，受大气水吸收带影响，1 400 nm 以及 1 900 nm 左右的两个波段范围的数据信噪比很低，未在图中显示。

122 蒙疆苓菊

Jurinea mongolica Maxim.（菊科 苓菊属）

形态特征

株：高 25 cm；根：根直伸，粗厚，直径 1.3 cm；茎：茎基密被绵毛及残存褐色叶柄；茎粗壮，分枝，茎枝被蛛丝状棉毛至无毛；叶：基生叶长椭圆形或长椭圆状披针形，叶柄长 2～4 cm，叶羽状深裂、浅裂或齿裂，侧裂片 3～4 对，侧裂片长披针形或长椭圆状披针形，裂片全缘，反卷；茎生叶与基生叶同形或披针形或倒披针形并等样分裂或不裂；茎生叶两面几同色，绿或灰绿色，疏被蛛丝毛；**花：**头状花序大，单生枝端；总苞碗状，径2～2.5 cm，绿或黄绿色，总苞片 4～5 层，革质，最外层披针形，中层披针形或长圆状披针形，最内层线状长椭圆形或宽线形；苞片革质，直立；花冠红色；**果：**瘦果淡黄色，倒圆锥状，无刺瘤；冠毛褐色，冠毛刚毛短羽毛状，宿存。

　　花期：5—8 月。

产地生境

　　国内产地：新疆、内蒙古、宁夏、陕西。

　　生境：沙地。

光谱曲线

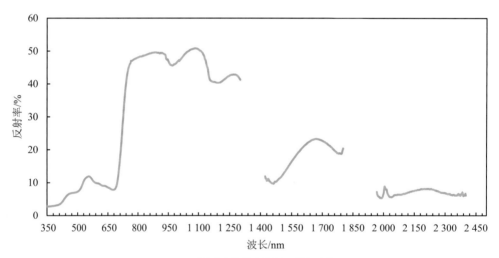

——①冠层-营养生长期（鄂尔多斯）

①2022 年 8 月 2 日
16:50

可见光-近红外（350～1 300 nm）：该谱段的反射特征受光的吸收和散射特征影响。可见光的反射特征主要反映了植物色素的吸收水平，在 550 nm 处是叶绿素的强反射区，光谱反射率有一处波峰。近红外的反射特征主要反映了植物叶片、冠层的散射程度以及对于水分的吸收情况，在 700 nm 处反射率急剧上升形成"红边"现象，到达峰值时茎叶光谱曲线反射率大于 50%，该物种的茎叶在 950 nm 和 1 150 nm 附近有水的窄吸收带，反射光谱曲线呈现波状起伏的特点。

短波红外（1 300～2 500 nm）：该谱段光谱反射特征主要受植物含水量强吸收的影响。由于是野外采集，受大气水吸收带影响，1 400 nm 以及 1 900 nm 左右的两个波段范围的数据信噪比很低，未在图中显示。

123 麻花头　　　*Klasea centauroides*（L.）Cass.（菊科 麻花头属）

形态特征

茎：茎中部以下被长毛；叶：基生叶及下部茎生叶长椭圆形，长 8～12 cm，羽状深裂，侧裂片 5～8 对，裂片长椭圆形或宽线形，叶柄长 3～9 cm；中部茎生叶与基生叶同形，等样分裂，近无柄，上部叶羽状全裂，叶两面粗糙，具长毛；花：头状花序单生茎枝顶端；总苞卵圆形或长卵圆形，径 1.5～2 cm，总苞片 10～20 层，上部淡黄白色，硬膜质，外层与中层三角形、三角状卵形或卵状披针形，长 4.5～8.5 mm，内层及最内层椭圆形、披针形、长椭圆形或线形，长 1～2 cm，最内层最长；小花红、红紫或白色；果：瘦果楔状长椭圆形，褐色；冠毛褐或略带土红色，糙毛状。

花果期：6—9 月。

产地生境

国内产地：黑龙江、辽宁、吉林、内蒙古、山西、河北、陕西。

生境：山坡林缘、草原、草甸、路旁或田间。

无人机拍摄

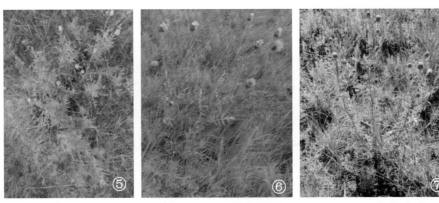

机型：DJI Mini3 Pro；飞行高度：1 m；拍摄角度：45°；时间：①②④⑦：2022 年 7 月 6 日，③⑥：2022 年 8 月 8 日，⑤：2022 年 8 月 7 日；地点：锡林浩特。

光谱曲线

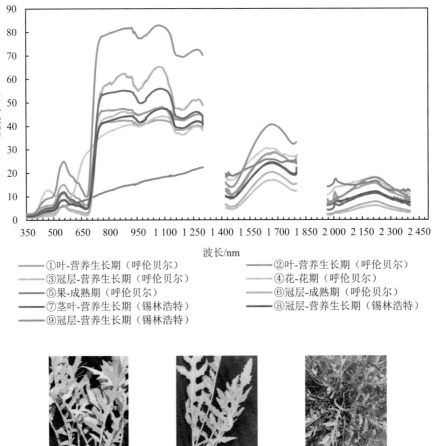

①叶-营养生长期（呼伦贝尔）　　　　②叶-营养生长期（呼伦贝尔）
③冠层-营养生长期（呼伦贝尔）　　　④花-花期（呼伦贝尔）
⑤果-成熟期（呼伦贝尔）　　　　　　⑥冠层-成熟期（呼伦贝尔）
⑦茎叶-营养生长期（锡林浩特）　　　⑧冠层-营养生长期（锡林浩特）
⑨冠层-营养生长期（锡林浩特）

①2022 年 7 月 2 日　　②2022 年 8 月 11 日　　③2022 年 8 月 12 日
　　16:11　　　　　　　　15:54　　　　　　　　10:32

④2022 年 7 月 2 日　　　⑤2022 年 8 月 11 日　　　⑥2022 年 8 月 12 日
16:15　　　　　　　　　16:53　　　　　　　　　11:01

⑦2022 年 7 月 6 日　　　⑧2022 年 7 月 6 日　　　⑨2022 年 8 月 6 日
17:02　　　　　　　　　15:33　　　　　　　　　15:17

可见光-近红外（350～1 300 nm）：该谱段的反射特征受光的吸收和散射特征影响。可见光的反射特征主要反映了植物色素的吸收水平，花（曲线④）呈现紫色，因此在 400 nm 处有一强反射峰，茎叶中叶绿素含量较高，在 550 nm 处有一强反射峰。近红外的反射特征主要反映了植物叶片、冠层的散射程度以及对于水分的吸收情况，除花和果外，其他器官在 700 nm 处反射率急剧上升形成"红边"现象，该物种的茎叶和花在此波段内有水的窄吸收带，反射光谱曲线呈现波状起伏的特点。

短波红外（1 300～2 500 nm）：该谱段光谱反射特征主要受植物含水量强吸收的影响。由于是野外采集，受大气水吸收带影响，1 400 nm 以及 1 900 nm 左右的两个波段范围的数据信噪比很低，未在图中显示。

124 桃叶鸦葱 *Scorzonera sinensis*（Lipsch. & Krasch.）Nakai（菊科 蛇鸦葱属）

形态特征

　　株： 高 53 cm；**茎：** 茎光滑；茎基密被纤维状撕裂鞘状残遗物；**叶：** 基生叶宽卵形、宽披针形、宽椭圆形、倒披针形、椭圆状披针形、线状长椭圆形或线形，连叶柄长 4～33 cm，向基部渐窄成柄，柄基鞘状，两面光滑，边缘皱波状；茎生叶鳞片状、披针形或钻状披针形，基部心形，半抱茎或贴茎；**花：** 头状花序单生茎顶；总苞圆柱状，径约 1.5 cm，总苞片约 5 层，背面光滑，外层三角形，长 0.8～1.2 cm，中层长披针形，长约 1.8 cm，内层长椭圆状披针形，长 1.9 cm；舌状小花黄色；**果：** 瘦果圆柱状，肉红色，无毛；冠毛污黄色，长 2 cm，大部分羽毛状。

　　花果期： 4—9 月。

产地生境

　　国内产地： 北京、辽宁、内蒙古、河北、山西、陕西、宁夏、甘肃、山东、江苏、安徽、河南。

　　生境： 山坡、丘陵地、沙丘、荒地或灌木林下。

125 蒲公英　　*Taraxacum mongolicum* Hand.-Mazz.（菊科 蒲公英属）

形态特征

叶: 叶倒卵状披针形、倒披针形或长圆状披针形，长 4～20 cm，边缘有时具波状齿或羽状深裂，有时倒向羽状深裂或大头羽状深裂，顶端裂片较大，三角形或三角状戟形，全缘或具齿，每侧裂片 3～5，裂片三角形或三角状披针形，通常具齿，平展或倒向，裂片间常生小齿，基部渐窄成叶柄，叶柄及主脉常带红紫色，疏被蛛丝状白色柔毛或几无毛；**花:** 花葶 1 个至数个，高 10～25 cm，上部紫红色，密被总苞钟状，长 1.2～1.4 cm，淡绿色，总苞片 2～3 层，外层卵状披针形或披针形，长 0.8～1 cm，边缘宽膜质，基部淡绿色，上部紫红色，先端背面增厚或具角状突起；内层线状披针形，长 1～1.6 cm，先端紫红色，背面具小角状突起；**果:** 瘦果倒卵状披针形，暗褐色，长 4～5 mm，上部具小刺，下部具成行小瘤，顶端渐收缩成长约 1 mm 圆锥形或圆柱形喙基，喙长 0.6～1 cm，纤细；冠毛白色，长约 6 mm。

花期: 4—9 月；**果期:** 5—10 月。

产地生境

国内产地: 黑龙江、吉林、辽宁、内蒙古、河北、山西、陕西、甘肃、青海、山东、江苏、安徽、浙江、福建、台湾、河南、湖北、湖南、广东、四川、贵州、云南。

生境: 广泛生于中、低海拔地区的山坡草地、路边、田野、河滩。

126 变色苦荬菜 *Ixeris chinensis* subsp. *versicolor*（Fisch. ex Link）Kitam.

（菊科 苦荬菜属）

形态特征

茎： 茎基部或上部分枝，无毛；**叶：** 基生叶簇生，莲座状，倒披针形、椭圆形或宽线形，长 2.5～9 cm，叶缘有并生刺齿，成双排列；极稀无并生刺齿；茎生叶 2～4，与基生叶同形，边缘有或无并生刺齿，无柄或有短柄，上部叶基生半抱茎，基部两侧常有长耳或长齿，最上部叶线形、披针形或钻形；叶均不裂，无毛；**花：** 头状花序排成伞房状或伞房圆锥花序；总苞圆柱形，长 7～9 mm，总苞片 3 层，无毛，外层宽卵形，长 0.8～1 mm，内层长 7～9 mm；舌状小花淡黄色，稀淡红色；**果：** 瘦果纺锤形，长 3 mm，有 10 条纵肋，肋上有微刺毛，具长 3 mm 细丝状喙；冠毛白色。

花果期： 6—10 月。

产地生境

国内产地： 湖北、湖南、四川、贵州、内蒙古。

生境： 山坡草地。

127 中华苦荬菜   *Ixeris chinensis*（Thunb.）Nakai.（菊科 苦荬菜属）

形态特征

    株： 高 5～47 cm；**根：** 根垂直直伸，通常不分枝；根状茎极短缩；**茎：** 茎直立单生或少数茎成簇生，基部直径 1～3 mm，上部伞房花序状分枝；**叶：** 基生叶长椭圆形、倒披针形、线形或舌形，包括叶柄长 2.5～15 cm，宽 2～5.5 cm，顶端钝或急尖或向上渐窄，基部渐狭成有翼的短或长柄，全缘，不分裂也无锯齿或边缘有尖齿或凹齿，或羽状浅裂、半裂或深裂，侧裂片 2～7 对，长三角形、线状三角形或线形，自中部向上或向下的侧裂片渐小，向基部的侧裂片常为锯齿状，有时为半圆形；茎生叶 2～4 枚，极少 1 枚或无茎叶，长披针形或长椭圆状披针形，不裂，边缘全缘，顶端渐狭，基部扩大，耳状抱茎或至少基部茎生叶的基部有明显的耳状抱茎；全部叶两面无毛；**花：** 头状花序通常在茎枝顶端排成伞房花序，含舌状小花 21～25 枚；总苞圆柱状，长 8～9 mm；总苞片 3～4 层，外层及最外层宽卵形，长 1.5 mm，宽 0.8 mm，顶端急尖，内层长椭圆状倒披针形，长 8～9 mm，宽 1～1.5 mm，顶端急尖；舌状小花黄色，干时带红色；**果：** 瘦果褐色，长椭圆形，长 2.2 mm，宽 0.3 mm，有 10 条高起的钝肋，肋上有上指的小刺毛，顶端急尖成细喙，喙细，细丝状，长 2.8 mm；冠毛白色，微糙，长 5 mm。

花果期：1—10 月。

产地生境

国内产地：安徽、重庆、福建、甘肃、广东、广西、贵州、海南、河北、黑龙江、河南、湖北、湖南、江苏、江西、吉林、辽宁、内蒙古、宁夏、青海、陕西、山东、山西、四川、台湾、新疆、西藏、云南、浙江。

生境：山坡路旁、田野、河边灌丛或岩石缝隙中。

128 阿尔泰狗娃花　　　*Aster altaicus* Willd.（菊科 紫菀属）

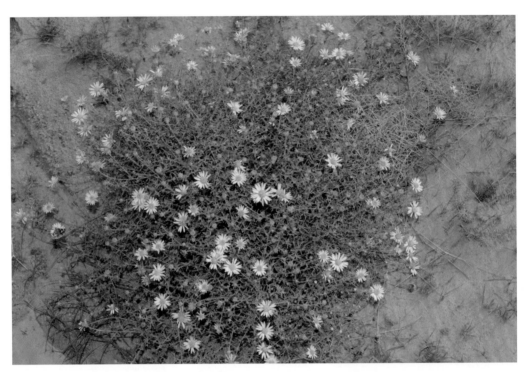

形态特征

　　茎：茎直立，被上曲或开展毛，上部常有腺，上部或全部有分枝；**叶：**下部叶线形、长圆状披针形、倒披针形或近匙形，长 2.5～10 cm，全缘或有疏浅齿；上部叶线形；叶两面或下面均被粗毛或细毛，常有腺点。**花：**头状花序单生枝端或排成伞房状；总苞半球形，径 0.8～1.8 cm，总苞片 2～3 层，长圆状披针形或线形，长 4～8 mm，背面或外层草质，被毛，常有腺，边缘膜质；舌状花 15～20，管部长 1.5～2.8 mm，有微毛，舌片浅蓝紫色，长圆状线形，长 1～1.5 cm，管状花长 5～6 mm，管部长 1.5～2.2 mm，裂片不等大，有疏毛；**果：**瘦果扁，倒卵状长圆形，灰绿或浅褐色，被绢毛，上部有腺；冠毛污白或红褐色，有不等长微糙毛。

花果期：5—9 月。

产地生境

国内产地：黑龙江、吉林、辽宁、内蒙古、河北、山西、陕西、河南、湖北、四川、甘肃、青海、西藏、新疆。

生境：草原、荒漠地、沙地及干旱山地。

无人机拍摄

机型：DJI Mini3 Pro；**飞行高度：**1 m；**拍摄角度：**45°；**时间：**①③：2022 年 7 月 6 日，②④：2022 年 8 月 8 日；**地点：**锡林浩特。

光谱曲线

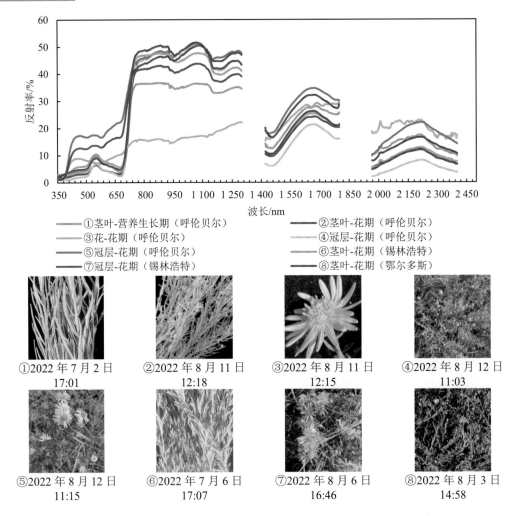

① 茎叶-营养生长期（呼伦贝尔）   ② 茎叶-花期（呼伦贝尔）
③ 花-花期（呼伦贝尔）   ④ 冠层-花期（呼伦贝尔）
⑤ 冠层-花期（呼伦贝尔）   ⑥ 茎叶-花期（锡林浩特）
⑦ 冠层-花期（锡林浩特）   ⑧ 茎叶-花期（鄂尔多斯）

① 2022 年 7 月 2 日 17:01　　② 2022 年 8 月 11 日 12:18　　③ 2022 年 8 月 11 日 12:15　　④ 2022 年 8 月 12 日 11:03

⑤ 2022 年 8 月 12 日 11:15　　⑥ 2022 年 7 月 6 日 17:07　　⑦ 2022 年 8 月 6 日 16:46　　⑧ 2022 年 8 月 3 日 14:58

　　可见光-近红外（350～1 300 nm）：该谱段的反射特征受光的吸收和散射特征影响。可见光的反射特征主要反映了植物色素的吸收水平，花（曲线③、曲线⑤和曲线⑦）呈现紫色，因此在 400 nm 处有一强反射峰。茎叶中叶绿素含量较高，在蓝、红光体现了强吸收，在绿光体现出小的反射峰。近红外的反射特征主要反映了植物叶片、冠层的散射程度以及对于水分的吸收情况，在 700 nm 处反射率急剧上升形成"红边"现象，该物种的叶和花在此波段内有水的窄吸收带，反射光谱曲线呈现波状起伏的特点。对于花（曲线③）来说，水的吸收较弱，故在 950 nm 和 1 150 nm 附近仅呈现弱的吸收谷。

　　短波红外（1 300～2 500 nm）：该谱段光谱反射特征主要受植物含水量强吸收的影响。由于是野外采集，受大气水吸收带影响，1 400 nm 以及 1 900 nm 左右的两个波段范围的数据信噪比很低，未在图中显示。

129 线叶菊　　*Filifolium sibiricum*（L.）Kitam.（菊科 线叶菊属）

形态特征

茎：茎无毛，丛生，基部密被纤维鞘；**叶：**基生叶莲座状，有长柄，倒卵形或长圆形，长 20 cm；茎生叶互生，二至三回羽状全裂，小裂片丝形，长 4 cm，宽 1 mm，无毛，有白色乳凸；**花：**头状花序盘状，在茎枝顶端组成伞房花序，花序梗长 0.1～1.1 cm；总苞球形或半球形，径 4～5 mm，无毛；总苞片 3 层，卵形或宽卵形，边缘膜质，先端圆，背面厚硬，黄褐色；花托稍凸起，蜂窝状；边花雌性，1 层，能育，花冠筒状，扁，冠檐 2～4 齿，有腺点；盘花多数，两性，不育，花冠管状，黄色，冠檐 5 齿裂，无窄管部，花药基部钝，顶端有三角形附片，花柱 2 裂，顶端平截；**果：**瘦果倒卵圆形或椭圆形，稍扁，黑色，无毛，腹面有 2 条纹；无冠状冠毛。

花果期：6—9 月。

产地生境

国内产地：黑龙江、吉林、辽宁、内蒙古、河北、山西。

生境：山坡草地。

130 蓍状亚菊 *Ajania achilleoides*（Turcz.）Poljakov ex Grubov（菊科 亚菊属）

形态特征

　　株：高 10～20 cm；**根：**根木质，垂直直伸；**茎：**老枝短缩，自不定芽发出多数的花枝；**叶：**中部茎叶卵形或楔形，长 0.5～1 cm；二回羽状分裂；**花：**花枝分枝或仅上部有伞房状花序分枝，被贴伏的顺向短柔毛，向下的毛稀疏。

　　花期：8 月。

产地生境

国内产地：内蒙古。

生境：草原和荒漠草原。

无人机拍摄

机型：DJI Mini3 Pro；飞行高度：1 m；拍摄角度：45°；时间：2022 年 8 月 2 日；地点：鄂尔多斯。

光谱曲线

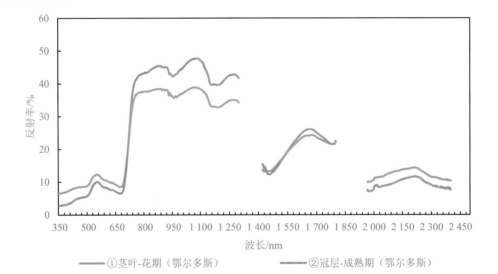

——①茎叶-花期（鄂尔多斯）　　　　——②冠层-成熟期（鄂尔多斯）

①2022 年 8 月 3 日　　　②2022 年 8 月 2 日
15:50　　　　　　　　17:34

可见光-近红外（350～1 300 nm）：该谱段的反射特征受光的吸收和散射特征影响。可见光的反射特征主要反映了植物色素的吸收水平，在 550 nm 处是叶绿素的强反射区，光谱反射率有一处波峰。近红外的反射特征主要反映了植物叶片、冠层的散射程度以及对于水分的吸收情况，在 700 nm 处反射率急剧上升形成"红边"现象，到达峰值时茎叶光谱曲线反射率大于 35%，该物种的茎叶在 950 nm 和 1 150 nm 附近有水的窄吸收带，反射光谱曲线呈现波状起伏的特点。对于冠层（曲线②），近红外光经多层叶片的散射，多数变成反射光，形成高反射率，这也是冠层在该波段的反射率明显高于茎叶的主要原因。

短波红外（1 300～2 500 nm）：该谱段光谱反射特征主要受植物含水量强吸收的影响。由于是野外采集，受大气水吸收带影响，1 400 nm 以及 1 900 nm 左右的两个波段范围的数据信噪比很低，未在图中显示。

131 栉叶蒿 *Neopallasia pectinata*(Pallas)Poljakov(菊科 栉叶蒿属)

形态特征

茎：茎淡紫色，被白色绢毛；**叶**：叶长圆状椭圆形，栉齿状羽状全裂，裂片线状钻形，单一或有 1～2 线状钻形小齿，无毛，无柄，羽轴向基部渐膨大，下部和中部茎生叶长 1.5～3 cm；**花**：头状花序卵圆形，排成穗状或窄圆锥状花序；总苞片卵形，边缘宽膜质；花托窄圆锥形，无托毛；边花 3～4，雌性，能育，花冠窄管状，全缘：盘花 9～16，两性，花托下部 4～8 个能育，花冠筒状，具 5 齿，花药窄披针形，顶端具圆菱形附片，花柱分枝线形，顶端具缘毛；**果**：瘦果椭圆形，稍扁，黑褐色，具细条纹，无冠状冠毛。

花果期：7—9 月。

产地生境

国内产地：黑龙江、吉林、辽宁、内蒙古、河北、山西、陕西、甘肃、宁夏、青海、新疆、四川、云南、西藏。

生境：荒漠、河谷砾石地及山坡荒地。

132 冷 蒿　　　　　　　　　　　*Artemisia frigida* Willd.（菊科 蒿属）

形态特征

　　茎：密被淡灰黄或灰白色、稍绢质绒毛，后茎毛稍脱落；**叶：**叶两面及总苞片背面密被淡灰黄或灰白色、稍绢质绒毛，茎下部叶与营养枝叶长圆形或倒卵状长圆形，二（三）回羽状全裂，每侧裂片 2～4 枚，小裂片线状披针形或披针形，中部叶长圆形或倒卵状长圆形，一至二回羽状全裂，每侧裂片 3～4 枚，中部与上半部侧裂片常 3～5 全裂，小裂片长椭圆状披针形、披针形或线状披针形，基部裂片半抱茎，成假托叶状，无柄；上部叶与苞片叶羽状全裂或 3～5 全裂；**花：**头状花序半球形、球形或卵球形，径 2.5～3（4）

mm，排成总状或总状圆锥花序；总苞片边缘膜质，花序托有白色托毛；雌花 8～13 朵，两性花 20～30 朵，花冠檐部黄色；**果：**瘦果长圆形或椭圆状倒卵圆形。

　　花果期：7—10 月。

产地生境

　　国内产地：黑龙江、吉林、辽宁、内蒙古、河北、山西、陕西、宁夏、甘肃、青海、新疆、西藏。

　　生境：森林草原、草原、荒漠草原及干旱与半干旱地区的山坡、路旁、砾质旷地、固定沙丘、戈壁、高山草甸等地。

无人机拍摄

　　机型：DJI Mini3 Pro；**飞行高度：**1 m；**拍摄角度：**45°；**时间：**①：2022 年 8 月 7 日，②③④：2022 年 7 月 6 日，⑤：2022 年 8 月 8 日；**地点：**锡林浩特。

光谱曲线

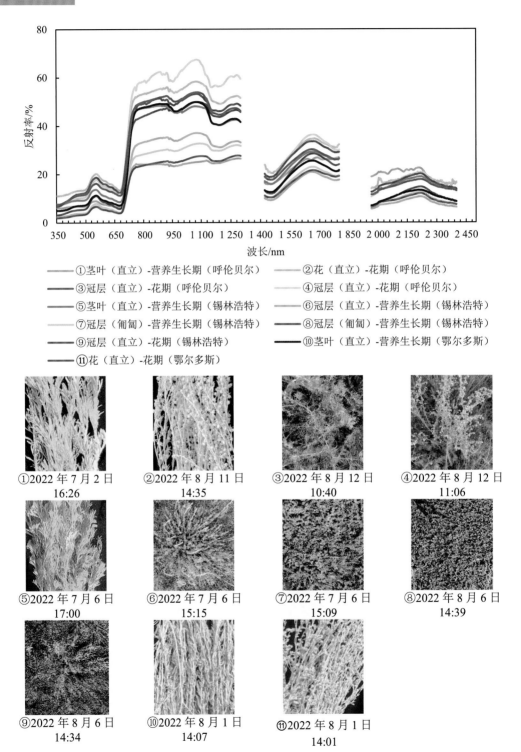

①茎叶（直立）-营养生长期（呼伦贝尔）　　②花（直立）-花期（呼伦贝尔）

③冠层（直立）-花期（呼伦贝尔）　　④冠层（直立）-花期（呼伦贝尔）

⑤茎叶（直立）-营养生长期（锡林浩特）　　⑥冠层（直立）-营养生长期（锡林浩特）

⑦冠层（匍匐）-营养生长期（锡林浩特）　　⑧冠层（匍匐）-营养生长期（锡林浩特）

⑨冠层（直立）-花期（锡林浩特）　　⑩茎叶（直立）-营养生长期（鄂尔多斯）

⑪花（直立）-花期（鄂尔多斯）

①2022 年 7 月 2 日 16:26　②2022 年 8 月 11 日 14:35　③2022 年 8 月 12 日 10:40　④2022 年 8 月 12 日 11:06

⑤2022 年 7 月 6 日 17:00　⑥2022 年 7 月 6 日 15:15　⑦2022 年 7 月 6 日 15:09　⑧2022 年 8 月 6 日 14:39

⑨2022 年 8 月 6 日 14:34　⑩2022 年 8 月 1 日 14:07　⑪2022 年 8 月 1 日 14:01

可见光-近红外（350～1 300 nm）：该谱段的反射特征受光的吸收和散射特征影响。可见光的反射特征主要反映了植物色素的吸收水平，在 550 nm 处是叶绿素的强反射区，光谱反射率有一处波峰。近红外的反射特征主要反映了植物叶片、冠层的散射程度以及对于水分的吸收情况，在 700 nm 处反射率急剧上升形成"红边"现象，该物种的茎叶、花和冠层在 950 nm 和 1 150 nm 附近有水的窄吸收带，反射光谱曲线呈现波状起伏的特点。

短波红外（1 300～2 500 nm）：该谱段光谱反射特征主要受植物含水量强吸收的影响。由于是野外采集，受大气水吸收带影响，1 400 nm 以及 1 900 nm 左右的两个波段范围的数据信噪比很低，未在图中显示。

133 黑沙蒿　　　　　　　*Artemisia ordosica* Krasch.（菊科 蒿属）

形态特征

　　株： 高 1 m；**茎：** 茎分枝多，茎、枝组成密丛；**叶：** 叶初两面微被柔毛，稍肉质；茎下部叶宽卵形或卵形，一至二回羽状全裂，每侧裂片 3～4，基部裂片长，有时 2～3 全裂，小裂片线形，叶柄短；中部叶卵形或宽卵形，长 3～5（7）cm，一回羽状全裂，每侧裂片 2～3，裂片线形，长 0.5～1 cm；上部叶 5 或 3 全裂，裂片线形；苞片叶 3 全裂或不裂；

花：头状花序卵圆形，径 1.5～2.5 mm，有短梗及小苞叶，排成总状或复总状花序，在茎上组成圆锥花序；总苞片黄绿色，无毛；雌花 10～14 朵；两性花 5～7 朵；**果：**瘦果倒卵圆形，果壁具细纵纹及胶质。

　　花果期：7—10 月。

产地生境

　　国内产地：内蒙古、河北、山西。

　　生境：荒漠与半荒漠地区的沙丘上，干草原与干旱的坡地上。

无人机拍摄

　　机型：DJI Mini3 Pro；**飞行高度：**1 m；**拍摄角度：**45°；**时间：**2022 年 8 月 8 日；**地点：**鄂尔多斯。

光谱曲线

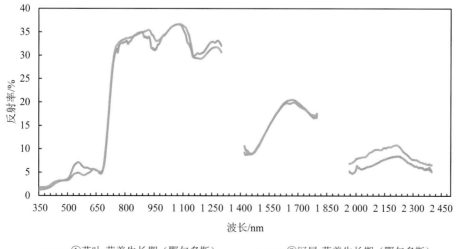

①茎叶-营养生长期（鄂尔多斯）　　②冠层-营养生长期（鄂尔多斯）

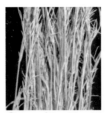

①2022 年 8 月 2 日　　　　②2022 年 8 月 2 日
16:31　　　　　　　　14:11

可见光-近红外（350～1 300 nm）：该谱段的反射特征受光的吸收和散射特征影响。可见光的反射特征主要反映了植物色素的吸收水平，在 550 nm 处是叶绿素的强反射区，光谱反射率有一处波峰。该物种茎（曲线①）呈现红色，因此在 650 nm 除呈现小的反射峰。近红外的反射特征主要反映了植物叶片、冠层的散射程度以及对于水分的吸收情况，在 700 nm 处反射率急剧上升形成"红边"现象，到达峰值时茎叶光谱曲线反射率大于 30%，该物种的茎叶在 950 nm 和 1 150 nm 附近有水的窄吸收带，反射光谱曲线呈现波状起伏的特点。

短波红外（1 300～2 500 nm）：该谱段光谱反射特征主要受植物含水量强吸收的影响。由于是野外采集，受大气水吸收带影响，1 400 nm 以及 1 900 nm 左右的两个波段范围的数据信噪比很低，未在图中显示。

134 柔毛蒿　　　*Artemisia pubescens* Ledeb.（菊科 蒿属）

形态特征

　　株： 高 60 cm；**根：** 主根明显，稍粗，木质；**茎：** 茎成丛，茎基部被棕黄色绒毛；茎上部及枝初被灰白色柔毛；**叶：** 叶初两面密被柔毛，下面微被柔毛；基生叶与营养枝叶卵形，二至三回羽状全裂，叶柄长；茎下部、中部叶卵形或长卵形，长 3～8（12）cm，二回羽状全裂，每侧裂片（2）3～4，基部与侧边中部的裂片 3～5 全裂，裂片、小裂片线形或线状披针形，长 1～3 cm，叶柄长 2～5 cm，基部有分裂的假托叶；上部叶羽状全裂，无柄；苞片叶 3 全裂或不裂；**花：**头状花序长圆形、近球形或卵圆形，径 1.5～2 mm，斜展或下垂，具短梗及小苞叶，排成总状或近穗状花序，在茎上组成中等开展圆锥花序；总苞片无毛；雌花 8～15 朵；两性花 10～15 朵；**果：**瘦果长圆形或长卵圆形。

花果期：8—10 月。

产地生境

国内产地：黑龙江、吉林、辽宁、内蒙古、河北、山西、陕西、甘肃、青海、新疆、四川。

生境：草原、森林草原、草甸、林缘及湿润、半湿润或半干旱地区的荒坡、丘陵、砾质坡地及路旁等。

无人机拍摄

机型：DJI Mini3 Pro；**飞行高度：**1 m；**拍摄角度：**45°；**时间：**2022 年 8 月 8 日；**地点：**锡林浩特。

135 大籽蒿

Artemisia sieversiana Ehrhart ex Willd.（菊科 蒿属）

形态特征

株： 高 1.5 m；**根：** 主根单一；**茎：** 茎单生，纵棱明显，分枝多；茎、枝被灰白色微柔毛；**叶：** 下部与中部叶宽卵形或宽卵圆形，两面被微柔毛，长 4～8（13）cm，二至三回羽状全裂，稀深裂，每侧裂片 2～3，小裂片线形或线状披针形，长 0.2～1 cm，宽 1～2 mm，叶柄长（1）2～4 cm；上部叶及苞片叶羽状全裂或不裂；**花：** 头状花序大，多数排成圆锥花序，总苞半球形或近球形，径（3）4～6 mm，具短梗，稀近无梗，基部常有线形小苞叶，在分枝排成总状花序或复总状花序，并在茎上组成开展或稍窄圆锥花序；总苞片背面被灰白色微柔毛或近无毛；花序托凸起，半球形，有白色托毛；雌花 20～30 朵；两性花 80～120 朵；**果：** 瘦果长圆形。

花果期： 6—10 月。

产地生境

国内产地： 黑龙江、吉林、辽宁、内蒙古、河北、山西、陕西、宁夏、甘肃、青海、新疆、四川、贵州、云南、西藏等有分布，山东、江苏等有栽培。

生境： 多路旁、荒地、河漫滩、草原、森林草原、干山坡或林缘等。

光谱曲线

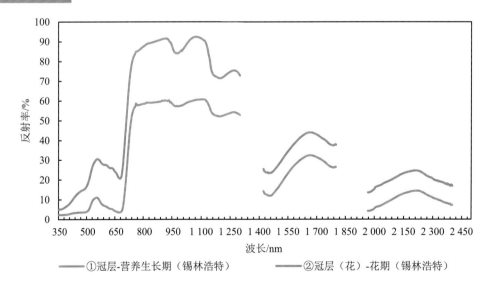

——①冠层-营养生长期（锡林浩特）　　——②冠层（花）-花期（锡林浩特）

①2022 年 8 月 6 日　　　②2022 年 8 月 6 日
14:36　　　　　　　　14:40

可见光-近红外（350～1 300 nm）：该谱段的反射特征受光的吸收和散射特征影响。可见光的反射特征主要反映了植物色素的吸收水平，茎叶中叶绿素含量较高，在蓝、红光体现了强吸收，在绿光体现出小的反射峰。近红外的反射特征主要反映了植物叶片、冠层的散射程度以及对于水分的吸收情况，在 700 nm 处反射率急剧上升形成"红边"现象，到达峰值时茎叶光谱曲线反射率均大于 50%，该物种的茎叶在 950 nm 和 1 150 nm 附近有水的窄吸收带，反射光谱曲线呈现波状起伏的特点。花期的冠层（曲线②）结构更为复杂，近红外光经多层叶片和花的散射，多数变成反射光，形成高反射率。

短波红外（1 300～2 500 nm）：该谱段光谱反射特征主要受植物含水量强吸收的影响。相比营养生长期，该物种花期冠层（曲线②）的光谱反射率更高。由于是野外采集，受大气水吸收带影响，1 400 nm 以及 1 900 nm 左右的两个波段范围的数据信噪比很低，未在图中显示。

136 裂叶蒿

Artemisia tanacetifolia L.（菊科 蒿属）

形态特征

株：高 50～90 cm；根：主根细；根状茎稍粗，匍地或斜向上；茎：茎少数或单生，
高 70～90 cm，茎上部与分枝通常被平贴柔毛；叶：叶下面初密被白色绒毛，后稍稀疏；

茎下部与中部叶椭圆状长圆形或长卵形，长 3～12 cm，二至三回栉齿状羽状分裂，一回全裂，每侧裂片 6～8，裂片基部下延在叶轴与叶柄上端成窄翅状，小裂片椭圆状披针形或线状披针形栉齿，不裂或具小锯齿，叶柄长 3～12 cm，基部有小型假托叶；上部叶一至二回栉齿状羽状全裂；苞片叶栉齿状羽状分裂或不裂，线形或线状披针形；**花**：头状花序球形或半球形，径 2～3 mm，下垂，排成密集或稍疏散穗状花序，在茎上组成扫帚状圆锥花序；总苞片背面无毛或初微被稀疏绒毛；雌花 8～15 朵；两性花 30～40 朵，花冠檐部背面有柔毛；**果**：瘦果椭圆状倒卵圆形。

　　花果期：7—10 月。

产地生境

　　国内产地：黑龙江、吉林、辽宁、内蒙古、河北、山西、陕西、宁夏、甘肃。

　　生境：森林草原、草原、草甸、林缘或疏林中以及盐土性草原、草坡及灌丛等处。

无人机拍摄

　　机型：DJI Mini3 Pro；**飞行高度**：2 m；**拍摄角度**：60°；**时间**：2022 年 8 月 11 日；**地点**：呼伦贝尔。

光谱曲线

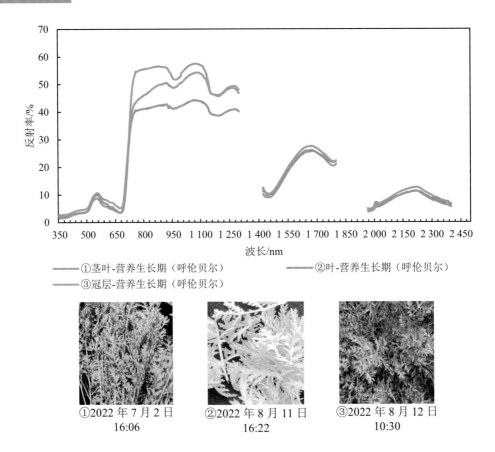

①2022 年 7 月 2 日
16:06

②2022 年 8 月 11 日
16:22

③2022 年 8 月 12 日
10:30

　　可见光-近红外（350～1 300 nm）：该谱段的反射特征受光的吸收和散射特征影响。可见光的反射特征主要反映了植物色素的吸收水平，茎叶中叶绿素含量较高，在蓝、红光体现了强吸收，在绿光体现出小的反射峰。近红外的反射特征主要反映了植物叶片、冠层的散射程度以及对于水分的吸收情况，在 700 nm 处反射率急剧上升形成"红边"现象，到达峰值时茎叶光谱曲线反射率大于 40%，该物种的茎叶在 950 nm 和 1 150 nm 附近有水的窄吸收带，反射光谱曲线呈现波状起伏的特点。

　　短波红外（1 300～2 500 nm）：该谱段光谱反射特征主要受植物含水量强吸收的影响。三条曲线采集部位均为营养生长期的茎叶，光谱曲线起伏特征差异不大。由于是野外采集，受大气水吸收带影响，1 400 nm 以及 1 900 nm 左右的两个波段范围的数据信噪比很低，未在图中显示。

137 旋覆花　　　　*Inula japonica* Thunb.（菊科 旋覆花属）

形态特征

株： 高 30～70 cm；**根：** 根状茎短，横走或斜升，有多少粗壮的须根；**茎：** 茎被长伏毛，或下部脱毛；**叶：** 中部叶长圆形、长圆状披针形或披针形，长 4～13 cm，基部常有圆形半抱茎小耳，无柄，有小尖头状疏齿或全缘，上面有疏毛或近无毛，下面有疏伏毛和腺点，中脉和侧脉有较密长毛；上部叶线状披针形；**花：** 头状花序径 3～4 cm，排成疏散伞房花序，花序梗细长；舌状花黄色，较总苞长 2～2.5 倍，舌片线形，长 1～1.3 cm；管状花花冠长约 5 mm，冠毛白色，有 20 余微糙毛，与管状花近等长；**果：** 瘦果长 1～1.2 mm，圆柱形，有 10 条浅沟，被疏毛。

花期： 6—10 月；**果期：** 9—11 月。

产地生境

国内产地： 我国北部、东北部、中部、东部各地极常见，四川、贵州、福建、广东也有分布。

生境： 山坡路旁、湿润草地、河岸和田埂上。

138　苍　耳

Xanthium strumarium L.（菊科　苍耳属）

形态特征

茎：茎被灰白色糙伏毛；**叶：**叶三角状卵形或心形，长 4～9 cm，近全缘，基部稍心形或平截，与叶柄连接处成相等楔形，边缘有粗齿，基脉 3 出，脉密被糙伏毛，下面苍白色，被糙伏毛；叶柄长 3～11 cm；**花：**雄头状花序球形，径 4～6 mm，总苞片长圆状披针形，被柔毛，雄花多数，花冠钟形；雌头状花序椭圆形，总苞片外层披针形，长约 3 mm，被柔毛，内层囊状，宽卵形或椭圆形，绿、淡黄绿或带红褐色，具瘦果的成熟总苞卵形或椭圆形，连喙长 1.2～1.5 cm，背面疏生细钩刺，粗刺长 1～1.5 mm，基部不增粗，常有腺点，喙锥形，上端稍弯；**果：**瘦果 2，倒卵圆形。

花期：7—8 月；**果期：**9—10 月。

产地生境

国内产地：黑龙江、辽宁、内蒙古、河北。

生境：干旱山坡或沙质荒地。

139 帚状鸦葱 *Takhtajaniantha pseudodivaricata*（Lipsch.）Zaika，Sukhor. & N. Kilian（菊科 鸦葱属）

形态特征

　　株： 高 50 cm；**茎：** 茎中上部多分枝，成帚状，被柔毛至无毛，茎基被纤维状撕裂残鞘；**叶：** 叶互生或有对生叶，线形，长 16 cm，向上的茎生叶短小或成针刺状或鳞片状，基生叶基部半抱茎，茎生叶基部半抱茎或稍扩大贴茎；叶先端渐尖或长渐尖，有时外弯成钩状，两面被白色柔毛至无毛；**花：** 头状花序单生茎枝顶端，成疏散聚伞圆锥状花序，具 7～12 舌状小花；总苞窄圆柱状，径 5～7 mm，总苞片约 5 层，背面被白色柔毛，外层卵状三角形，长 1.5～4 mm，中内层椭圆状披针形、线状长椭圆形或宽线形，长 1～1.8 cm；舌状小花黄色；**果：** 瘦果圆柱状，初淡黄色，成熟后黑绿色，无毛；冠毛污白色，长 1.3 cm，多羽毛状，羽枝蛛丝毛状。

　　花果期： 5—10 月。

产地生境

　　国内产地： 内蒙古、山西、陕西、宁夏、甘肃、青海、新疆。
　　生境： 荒漠砾石地、干旱山坡、石质残丘、戈壁或沙地。

三十四、伞形科 Apiaceae

140 红柴胡

Bupleurum scorzonerifolium Willd.（伞形科 柴胡属）

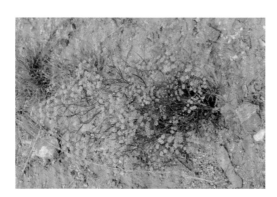

形态特征

　　株： 高 60 cm；**根：** 主根圆锥形，红褐色；根颈有毛刷状叶鞘状纤维；**茎：** 茎上部多分枝，成圆锥状之字形曲折；**叶：** 叶线形或线状披针形，基生叶下部缢缩成柄，余无柄，长 6～16 cm，宽 2～7 mm，基部稍抱茎，3～5 脉，叶缘白色软骨质；**花：** 花序多分枝，圆锥花序疏散；伞辐（3）4～6（8），长 1～2 cm，纤细，稍弧曲；总苞片 1～3，钻形；伞形花序有花 6～15；小总苞片 5，窄披针形；花瓣黄色；**果：** 果宽椭圆形，长 2.5 mm，宽 2 mm，深褐色，果棱淡褐色；每棱槽 5～6 油管，合生面 4～6 油管。

　　花期： 7—8 月；**果期：** 8—9 月。

产地生境

　　国内产地： 黑龙江、吉林、辽宁、河北、山东、山西、陕西、江苏、安徽、广西、内蒙古、甘肃。

　　生境： 干燥的草原及向阳山坡上；灌木林边缘。

无人机拍摄

　　机型： DJI Mini3 Pro；**飞行高度：** ①③④：1 m，②：2 m；**拍摄角度：** 45°；**时间：** 2022 年 8 月 11 日；**地点：** 呼伦贝尔。

光谱曲线

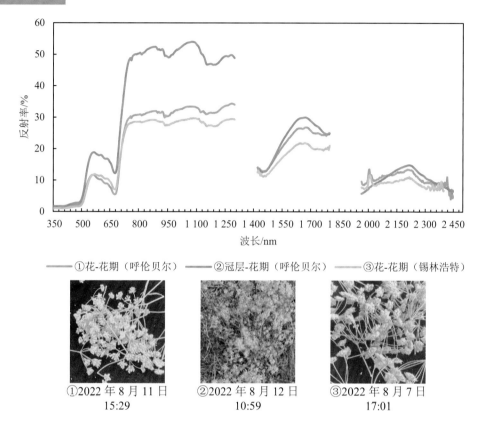

——①花-花期（呼伦贝尔）　——②冠层-花期（呼伦贝尔）　——③花-花期（锡林浩特）

①2022年8月11日
15:29

②2022年8月12日
10:59

③2022年8月7日
17:01

　　可见光-近红外（350～1 300 nm）：该谱段的反射特征受光的吸收和散射特征影响。可见光的反射特征主要反映了植物色素的吸收水平，采集镜头内包含绿色部分，550 nm处是叶绿素的强反射区，故此谱段的反射光谱曲线具有波峰的形态。近红外的反射特征主要反映了植物叶片、冠层的散射程度以及对于水分的吸收情况，在700 nm处反射率急剧上升形成"红边"现象，该物种的花在950 nm和1 150 nm附近有水的窄吸收带，反射光谱曲线呈现波状起伏的特点。对于冠层（曲线②），近红外光经多层花和茎叶的散射，多数变成反射光，形成高反射率。

　　短波红外（1 300～2 500 nm）：该谱段光谱反射特征主要受植物含水量强吸收的影响。由于是野外采集，受大气水吸收带影响，1 400 nm以及1 900 nm左右的两个波段范围的数据信噪比很低，未在图中显示。

141 防 风 *Saposhnikovia divaricata*（Turcz.）Schischk.（伞形科 防风属）

形态特征

株：高 80 cm；**根：**主根圆锥形，淡黄褐色；**茎：**茎单生，二歧分枝，基部密被纤维状叶鞘；**叶：**基生叶有长柄，叶鞘宽；叶三角状卵形，二至三回羽裂；一回羽片卵形或长圆形，长 2～8 cm，有柄；小裂片线形或披针形，先端尖；茎生叶较小；**花：**复伞形花序顶生和腋生，总苞片无或 1～3；伞辐 5～9，小总苞片 4～5，线形或披针形；伞形花序有 4～10 花；萼齿三角状卵形；花瓣白色，倒卵形，先端内曲；花柱短，外曲；**果：**果窄椭圆形或椭圆形，背稍扁，有疣状突起，背棱丝状，侧棱具翅；每棱槽油管 1，合生面油管 2。

花期：8—9 月；**果期：**9—10 月。

产地生境

国内产地：黑龙江、吉林、辽宁、内蒙古、河北、宁夏、甘肃、陕西、山西、山东。

生境：草原、丘陵、多砾石山坡。

无人机拍摄

机型：DJI Mini3 Pro；**飞行高度：**1 m；**拍摄角度：**45°；**时间：**2022 年 8 月 8 日；**地点：**锡林浩特。

光谱曲线

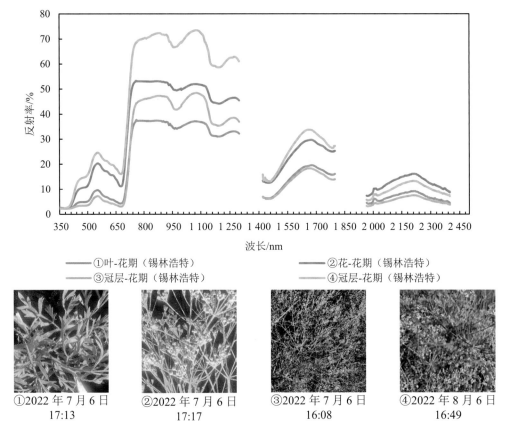

①叶-花期（锡林浩特）　②花-花期（锡林浩特）
③冠层-花期（锡林浩特）　④冠层-花期（锡林浩特）

①2022 年 7 月 6 日 17:13　②2022 年 7 月 6 日 17:17　③2022 年 7 月 6 日 16:08　④2022 年 8 月 6 日 16:49

可见光-近红外（350～1 300 nm）：该谱段的反射特征受光的吸收和散射特征影响。可见光的反射特征主要反映了植物色素的吸收水平，采集镜头内仍然有绿色植被，550 nm 处是叶绿素的强反射区，故此波段的反射光谱曲线具有波峰的形态。近红外的反射特征主要反映了植物叶片、冠层的散射程度以及对于水分的吸收情况，在 700 nm 处反射率急剧上升形成"红边"现象，该物种的花在 950 nm 和 1 150 nm 附近有水的窄吸收带，反射光谱曲线呈现波状起伏的特点。花后期的冠层（曲线④）结构较为复杂，近红外光经多层叶片和花的散射，多数变成反射光，形成高反射率。

短波红外（1 300～2 500 nm）：该谱段光谱反射特征主要受植物含水量强吸收的影响。相比于花（曲线①和曲线③），花期冠层的光谱曲线（曲线②）起伏特征更明显。由于是野外采集，受大气水吸收带影响，1 400 nm 以及 1 900 nm 左右的两个波段范围的数据信噪比很低，未在图中显示。

中文名索引

拉丁名索引